KB179518

시저 숫자 암호표

a	b	c	d	e	f	g	h	i	j	k	l	m	n	o	p	q	r	s	t	u	v	w	x	y	z
0	1	2	3	4	5	6	7	8	9	10	11	12	13	14	15	16	17	18	19	20	21	22	23	24	25

비즈네르 암호표

	a	b	c	d	e	f	g	h	i	j	k	l	m	n	o	p	q	r	s	t	u	v	w	x	y	z
0	A	B	C	D	E	F	G	H	I	J	K	L	M	N	O	P	Q	R	S	T	U	V	W	X	Y	Z
1	B	C	D	E	F	G	H	I	J	K	L	M	N	O	P	Q	R	S	T	U	V	W	X	Y	Z	A
2	C	D	E	F	G	H	I	J	K	L	M	N	O	P	Q	R	S	T	U	V	W	X	Y	Z	A	B
3	D	E	F	G	H	I	J	K	L	M	N	O	P	Q	R	S	T	U	V	W	X	Y	Z	A	B	C
4	E	F	G	H	I	J	K	L	M	N	O	P	Q	R	S	T	U	V	W	X	Y	Z	A	B	C	D
5	F	G	H	I	J	K	L	M	N	O	P	Q	R	S	T	U	V	W	X	Y	Z	A	B	C	D	E
6	G	H	I	J	K	L	M	N	O	P	Q	R	S	T	U	V	W	X	Y	Z	A	B	C	D	E	F
7	H	I	J	K	L	M	N	O	P	Q	R	S	T	U	V	W	X	Y	Z	A	B	C	D	E	F	G
8	I	J	K	L	M	N	O	P	Q	R	S	T	U	V	W	X	Y	Z	A	B	C	D	E	F	G	H
9	J	K	L	M	N	O	P	Q	R	S	T	U	V	W	X	Y	Z	A	B	C	D	E	F	G	H	I

10	J	I	H	G	F	E	D	C	B	A	Z	Y	X	W	V	U	T	S	R	Q	P	O	N	M	L	K
11	K	J	I	H	G	F	E	D	C	B	A	Z	Y	X	W	V	U	T	S	R	Q	P	O	N	M	L
12	L	K	J	I	H	G	F	E	D	C	B	A	Z	Y	X	W	V	U	T	S	R	Q	P	O	N	M
13	M	L	K	J	I	H	G	F	E	D	C	B	A	Z	Y	X	W	V	U	T	S	R	Q	P	O	N
14	N	M	L	K	J	I	H	G	F	E	D	C	B	A	Z	Y	X	W	V	U	T	S	R	Q	P	O
15	O	N	M	L	K	J	I	H	G	F	E	D	C	B	A	Z	Y	X	W	V	U	T	S	R	Q	P
16	P	O	N	M	L	K	J	I	H	G	F	E	D	C	B	A	Z	Y	X	W	V	U	T	S	R	Q
17	Q	P	O	N	M	L	K	J	I	H	G	F	E	D	C	B	A	Z	Y	X	W	V	U	T	S	R
18	R	Q	P	O	N	M	L	K	J	I	H	G	F	E	D	C	B	A	Z	Y	X	W	V	U	T	S
19	S	R	Q	P	O	N	M	L	K	J	I	H	G	F	E	D	C	B	A	Z	Y	X	W	V	U	T
20	T	S	R	Q	P	O	N	M	L	K	J	I	H	G	F	E	D	C	B	A	Z	Y	X	W	V	U
21	U	T	S	R	Q	P	O	N	M	L	K	J	I	H	G	F	E	D	C	B	A	Z	Y	X	W	V
22	V	U	T	S	R	Q	P	O	N	M	L	K	J	I	H	G	F	E	D	C	B	A	Z	Y	X	W
23	W	V	U	T	S	R	Q	P	O	N	M	L	K	J	I	H	G	F	E	D	C	B	A	Z	Y	X
24	X	W	V	U	T	S	R	Q	P	O	N	M	L	K	J	I	H	G	F	E	D	C	B	A	Z	Y
25	Y	X	W	V	U	T	S	R	Q	P	O	N	M	L	K	J	I	H	G	F	E	D	C	B	A	Z

암호 수학

암호 수학

ⓒ 자넷 베시너, 베라 플리스 2011

초 판 1쇄 발행일 2011년 8월 12일
개정판 4쇄 발행일 2022년 4월 22일

지은이 자넷 베시너, 베라 플리스 **옮긴이** 오혜정
펴낸이 김지영 **펴낸곳** 지브레인[Gbrain]
편집 김현주 **제작·관리** 김동영 **마케팅** 조명구

출판등록 2001년 7월 3일 제2005-000022호
주소 04021 서울시 마포구 월드컵로7길 88 2층
전화 (02)2648-7224 **팩스** (02)2654-7696

ISBN 978-89-5979-505-5(04410)

- 책값은 뒤표지에 있습니다.
- 잘못된 책은 교환해 드립니다.

암호 수학

자넷 베시너 · 베라 플리스 _{공저} 오혜정 _{옮김}

지브레인

이 책은 암호에 관한 훌륭한 입문서이다. 오랫동안 암호를 연구해온 수학자로서, 이 책에서 제공하고 있는 자료의 정확성, 명료성, 적절성에 감탄했다. 나는 이 책이 우리의 일상생활에서 수학이 하는 역할들 즉 응용성을 알려주는 훌륭한 기회를 제공한다고 본다. 정보의 암호화는 통신의 보안에 신경 쓰는 정부뿐만 아니라, 민감한 정보의 안전을 보호하려는 은행과 기업체에서도 사용되고 있다. 또한 인터넷 상의 상거래 수 증가로, 암호의 중요성 또한 점점 커져가고 있다.

대부분의 사람들은 수학이 책으로만 전해지는 과목이며 이미 수백 년 전부터 알려져온 것이라고 생각한다. 그런데 이 책에서 보여주는 암호는 이런 생각이 실수임을 알리고, 수학의 특성을 보여주는 창의 역할을 하며, 특히 현실과는 거의 관련 없다고 알려진 수론이 우리와 얼마나 밀접하게 연결된 현실의 학문인지를 증명해 보이고 있다.

저자는 인수분해, 거듭제곱, 모듈러 산술 등의 여러 수학적 기법을 통합하고, 구체적인 방법으로 활용함으로써 우리를 자극하고 있으며, 서로 다른 암호화 기법의 효율성을 검증함으로써 알고리즘적 사고와 실용화를 활성시켜 주고 있다. 이 책은 수학을 기피하는 학생들에게도 매력적일 것이라 본다. 내가 중학생이었을 때 이 책을 접했다면 분명히 큰 도움이 되었을 것이다.

샌디에이고의 캘리포니아 대학교 로날드 그레이엄

감추려는 자와 찾으려는 자들 간의 끝모를 치열한 **지적 대결의 압축어인 암호**는 재미있는 상상을 불러일으킨다. 보물지도, 탐정, 스파이, 전쟁, 인터넷, 해커, 비밀번호 등등.

이 책을 처음 접했을 때도 이런 이야기들과 함께 역사 속에 숨겨져 있던 암호의 발자취를 따라갈 거라는 예상이었다. 그런데 단순히 암호이야기만을 하고 있지 않았다. 암호를 만들고 해독하는 과정에서 덧셈, 뺄셈, 약수, 배수, 인수분해, 거듭제곱과 같은 가장 기초적인 수학이 중요한 역할을 친절하게 이야기하고 있었다. 기초수학을 적용하기 위해 그 체계가 간단한 고대 암호만을 다루고 있는 것도 아니었다. 고대 암호인 시저 암호에서부터 비즈네르 암호, 현대의 대표적인 RSA 암호체계까지 등장해 기초수학이 어떻게 활용되는지를 보여주고 이를 통해 암호가 뜻모를 기호들을 나열하는 것이 아닌 매우 엄밀하고 체계적으로 제작된 것임을 느낄 수 있었다.

이 책은 수학교사인 나에게 무척 반가운 책이기도 했다. 암호의 제작과 해독 과정에서 암호를 보다 깊이 이해하는 것이 이 책의 첫 번째 목표이고, 두 번째 목표가 암호가 수학을 만나 어떻게 활용되는지를 체계적으로 살펴보는 것이라면 이 책은 그 목표를 완수한 셈이다. 특히 일상생활 속에서 빈번하게 사용되지만 잘 알지 못했던 현대 암호에 대해 상세하게 알게 된 것은 암호의 중요성을 이해하게 된 계기가 되기도 했다.

번역이 끝난 지금도 학생들과 함께 암호놀이로 한바탕 신나게 논 듯한 즐거움이 남아 있으니 이 책을 읽는 독자에게도 그 느낌이 전해지길 바란다.

안양 부흥고등학교 교사 오혜정

1970년대 새로운 유형의 암호가 발견되어 사람들의 비밀통신 방법을 변화시켰다. 암호를 사용할 때는 서로 암호의 상세한 것까지 미리 합의할 필요가 없었다. 그러다 인터넷이 활성화될 즈음해서 나온 새로운 유형의 암호는 기업뿐만 아니라 일반인에게도 매우 실용적이었다. 이것이 바로 공개키 암호이다.

공개키 암호 중 한 가지는 소수를 사용한다. 그래서 공개키 암호와 관련된 몇몇 수학적 내용이 학생들에게 유용하게 사용될 수 있음을 확신하고 기뻤다. 중학생들은 소수와 인수분해를 배운다. 그러면서도 수학이 현대생활에 어떻게 활용되고 있는지에 대해서는 배우지 않는 이유는 무엇일까?

실제로 중학생만 되어도 알고 있는 여러 수학적 내용과 관련된 흥미로운 암호들이 많이 있다. 고대 전투에서 사용된 이 암호들 중 하나는 덧셈, 뺄셈과 관련이 있다. 남북전쟁부터 심지어 20세기까지 사용된 비즈네르 암호는 한때 해독될 수 없는 암호로 여겨지기도 했다. 하지만 수들의 공약수를 찾을 수만 있다면 현재의 중학생도 해독할 수 있다. 암호키가 너무 길지만 않으면 말이다.

우리는 암호를 배우는 것이 수학을 탐구하기 위한 즐거운 방법이 될 것이라고 믿는다. 나이와 상관없이 사람들은 미스터리와 신비한 것에 자연스럽게 호기심을 갖는다. 암호는 이 호기심에 부응하여 역사 전반에 걸쳐 활용되어 왔다.

이 책은 선생님들이 수업시간에 사용하거나, 독자 스스로 또는 친구들과 함께 암호에 관하여 배우고 싶은 사람들이 사용할 수 있도록 구성되어 있다. 또 일반 수학 수업, 영재 수업, 수학 보충 수업, 수학 동아리, 방과 후 프로그램, 박물관 캠프, 사회, 수학, 언어를 통합한 학교 교육과정 전반과 관련된 수업에 적용해 봄으로써 그 적절성을 검증하기도 했다. 학생들은 각자의 능력에 따라 이 책이 제시하는 다양한 암호와 그 풀이과정을 즐겁게 읽고 각 장의 도전문제를 풀어보기도 했다.

친구들과 함께 이 책의 여러 유형의 문제들을 풀 수 없다면 혼자서 풀며 즐겨도 된다. 다른 사람들에게 메시지를 보내거나 친구들과 메시지를 주고받으면 된다. 몇 군데에 제시한 tip 코너는 누구나 스스로 할 수 있도록 각 활동을 수정, 보완하는 방법을 적어놓은 것으로, 여러분이 함께 공부할 친구를 찾지 못할 때를 대비해서 구성한 것이다.

책을 쓸 때, 함께 아래 주소의 웹사이트도 함께 만들어졌다.

http://cryptoclub.math.uic.edu

메시지를 암호화하고 해독하기 위해 위의 웹사이트 상의 도구들을 사용해도 된다. 또 메시지를 해독하는 데 도움이 될 자료를 모을 수도 있다. 컴퓨터가 지루한 작업을 하도록 하고, 여러분은 생각을 하면 된다. 각 장을 읽을 때마다 그 안에 포함된 문제들을 해결해야 한다. 책 속의 문제들에 포함된 짧은 메시지들을 다룬 후, 컴퓨터상의 긴 메시지를 다루도록 한다.

암호화하고 해독하기 위한 도구들 외에도, 웹사이트에는 동영상으로 된 보물찾기, 암호문을 보내기 위한 메시지 게시판과 인수분해 수형도를 만들거나 소수 찾기 프로그램도 있다. 웹사이트는 계속 유지되고 보완될 것이므로 나중에 꼭 들러주기를 바란다.

암호클럽 아이들

이 책에 등장한 암호클럽 아이들은 실존인물이 아니지만, 몇몇 이야기는 실제로 일어난 일들을 바탕으로 구성한 것이다. 사실 제니, 댄, 팀, 아비, 피터는 쟈넷 베시너의 자녀들이고, 에비에, 릴라, 베키, 제시는 베라 플리스의 손주들 이름이다. 실제로 선생님은 반 친구들에게 쪽지를 큰 소리로 읽었으며, 아비와 제니의 엄마의 증조할아버지는 니피곤 강을 따라 은을 발견했지만 바로 잃어버리고 말았다. 할아버지가 그것에 대해 쓴 암호문은 허구였지만 말이다. 팀은 몇몇 일들이 항상 잠임을 받아들여야 한다는 말을 막 듣고 난 후 실제로 2+2가 항상 4가 되지 않는 예를 발견하려고 했다. 그리고 3부를 쓰는 도중에 태어난 제시도 다른 아이들에 이어 암호클럽에 가입했다.

책을 읽을 때는 암호클럽 아이들의 대화에 귀를 기울여라. 여러분이 궁금해하는 것들에 대한 질문이 있을지도 모르기 때문이다. 여러분이 문제를 해결하는 방법과 같은 방법으로 친구들과 대화하고 있다고 상상해도 된다. 아이들이 나누는 대화는 우리들의 입장을 곰곰이 생각해보게 한다. 수학 문제를 해결하기 위한 여러 가지 방법을 강구하는 것은 매우 흥미로우며, 문제를 보다 간단하게 만드는 방법을 찾는 것도 재미있다. 문제를 해결하는 과정도 즐겁고 해결한 뒤의 기분도 좋다. 여러분도 그 기분을 느낄 수 있게 되기를 바란다.

Contents

Contents

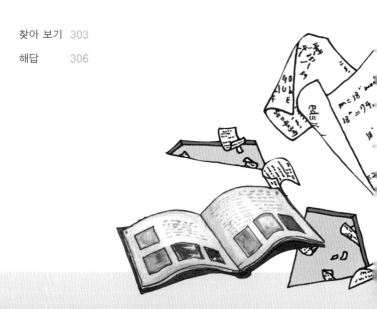

암호란 무엇인가?

시저 암호

수업시간, 아비가 짧은 편지를 써 아무도 모르게 살짝 에비에게 건네주었다. 하지만 공교롭게도 선생님께서 그 장면을 보고 있었다. 선생님은 편지를 펼쳐 반 친구들도 들리도록 큰 소리로 읽으셨고 아비의 기분은 나빠졌다. 만일 아비가 암호 사용법을 알고 있었더라면 메시지를 비밀 코드로 보내 이런 당황스러운 상황을 모면할 수 있었을 것이다.

🔒 암호학이란 무엇인가?

암호학은 비밀 메시지를 보내는 학문으로 사람들은 수천 년 동안 비밀 메시지를 주고받았다. 장군들은 적이 아군의 작전을 알아채지 못하도록 비밀 메시지를 보냈고, 암호를 알고 있는 사람들도 편지내용을 비밀로 하고 싶을 때 암호문으로 만든 비밀 메시지를 보냈다. 오늘날 인터넷 쇼핑을 하는 사람들 역시 자신들의 신용카드 번호를 비밀로 하기 위해 암호를 사용한다.

사람들은 보통 어떤 메시지를 비밀 메시지로 바꾸는 방법을 뜻하는 말로 코드^{code}라는 용어를 사용한다. 코드는 단어나 메시지의 의미를 바꾼다.

1776년 보스턴에서 매우 간단한 코드가 사용된 적이 있다. 한 교회 종탑에서 등불의 수를 다르게 사용함으로써 영국군이 어떻게 침공해오고 있는지에 대한 정보를 미국 독립전쟁의 영웅인 폴 리비어에게 알린 것이다. 불을 붙인 등불의 수가 1개면 육상 침투, 2개면 해상 침투를 의미하는 것이었다.

암호학에서 사이퍼^{cipher}는 메시지의 의미를 바꾸는 것이 아니라, 각 문자를 다른 문자 또는 기호로 바꾸는 방법을 뜻한다. 가장 오래된 사이퍼 중 하나는 율리우스 시저의 이름을 딴 시저 암호로, 2000여 년 전에 로마 장군들과 비밀메시지를 교환하기 위해 사용했다.

시저 암호에서는 알파벳을 일정한 수만큼 자리를 이동시켜 재배열된 글자로 대체하여 암호문을 만든다. 예를 들어, 알파벳을 왼쪽으로 3자리만큼 이동하여 대응시키면 다음과 같은 시저 암호가 만들어진다.

원문 알파벳	a	b	c	d	e	f	g	h	i	j	k	l	m	n	o	p	q	r	s	t	u	v	w	x	y	z
암호문 알파벳	D	E	F	G	H	I	J	K	L	M	N	O	P	Q	R	S	T	U	V	W	X	Y	Z	A	B	C

3자리만큼 이동하여 만든 시저 암호

이 암호는 a를 D로, b를 E, ……와 같이 바꾼다. 예를 들어 Abby의 이름은 DEEB가 된다.

Abby
DEEB

메시지를 비밀 메시지로 바꾸는 것을 암호화, 암호문으로 만들어진 (비밀)메시지에서 원래의 메시지를 알아내는 것을 복호화 또는 암호해독이라고 한다. 그리고 암호화되기 전의 메시지를 원문, 암호화된 메지시를 암호문이라 한다.

이 책에서는 원문 알파벳은 소문자, 암호문 알파벳은 대문자로 표기하기로 한다.

누군가가 여러분의 편지를 보게 되더라도 그 내용을 알지 못하

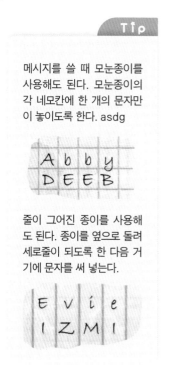

Tip

메시지를 쓸 때 모눈종이를 사용해도 된다. 모눈종이의 각 네모칸에 한 개의 문자만이 놓이도록 한다. asdg

줄이 그어진 종이를 사용해도 된다. 종이를 옆으로 돌려 세로줄이 되도록 한 다음 거기에 문자를 써 넣는다.

도록 이동하는 자리의 수를 임의로 정하여 알파벳을 대체시킬 수 있다. 아래의 시저 암호는 4자리를 이동하여 만든 것이다.

원문 알파벳 | a | b | c | d | e | f | g | h | i | j | k | l | m | n | o | p | q | r | s | t | u | v | w | x | y | z
암호문 알파벳 | E | F | G | H | I | J | K | L | M | N | O | P | Q | R | S | T | U | V | W | X | Y | Z | A | B | C | D

♥ 수업활동

암호문 이어가기 Play Cipher Tag

- 누군가를 "It"로 정한다.

- "It"는 자신이 시저 암호를 사용해 만든 이름이나 메시지를 칠판에 쓴다. 그런 다음 반 친구들에게 몇 자리를 이동한 시저 암호를 사용했는지를 말한다.

- "It"가 제시한 암호문으로 되어 있는 이름이나 메시지를 가장 먼저 해독한 사람이 새로운 "It"가 되어, 칠판에 암호문으로 된 새로운 이름이나 메시지를 쓴다.

1 혼자서 해보자.

  a 3자리를 이동한 시저 암호를 사용해 "keep this secret"을 암호문으로 만들어라.

  b 3자리를 이동한 시저 암호를 사용해 선생님 또는 친구의 이름을 암호문으로 만들어라.

2 다음 수수께끼의 답은 3자리를 이동한 시저 암호를 사용해 암호화되어 있다. 암호문으로 된 수수께끼의 답을 해독하여라.

  a a sleeping bull을 무엇이라 할까?

    D EXOOGRCHU

  b 선생님과 기차가 다른 점은 무엇일까?

    WKH WHDFKHU VDBV
    "QR JXP DOORZHG."
    WKH WUDLQ VDBV
    "FKHZ FKHZ."

3 다음은 에비에가 4자리를 이동한 시저 암호를 사용해 아비에게 쓴 비밀편지이다. 이 비밀편지를 해독하여라.

WSVVC PIX'W YWI GMTLIVW JVSQ RSA SR.

4 3자리 또는 4자리를 이동한 시저 암호를 사용해 반 친구나 학교의 이름을 암호화하여라. 이것은 암호문 이어가기에 이용하게 될 것이다.

해답 306p

🔒 암호 원판

원문을 암호문으로 빨리 바꾸기 위해 아래 그림과 같은 암호 원판을 사용하기도 한다. 임의의 수만큼 안쪽의 작은 원판을 돌려 알파벳을 쉽게 변환할 수 있다.

원문(바깥쪽 원판)

암호문(안쪽 원판)

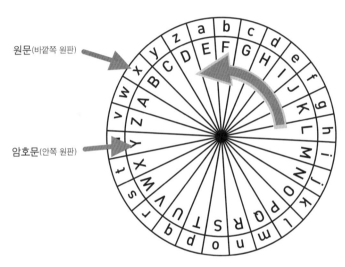

4자리를 이동한 암호 원판

암호 원판 만들기

- 워크북 혹은 이 책의 면지에 있는 암호 원판 원을 사용한다.

- 먼저 암호 원판을 만들기 위해 원을 오려낸다.

- 작은 원이 위에 오도록 2개의 원을 포개어 놓고 원의 중심에 압정을 꽂아 두 원을 고정시킨다(압정이 정확하게 원의 중심에 오도록 꽂지 않으면 원판이 잘 작동하지 않을 수도 있다).

문제

5 혼자서 해보자.

a 5자리를 이동한 암호 원판을 사용해 "private information"을 암호화 하여라.

b 8자리를 이동한 암호 원판을 사용해 여러분 학교의 이름을 암호화하여 라.

여러분이 만든 암호 원판을 사용해 암호문으로 되어 있는 다음 수수께끼의 답을 해독하여라.

6 수수께끼 해변에 있는 강아지를 무엇이라 부르는가?

☞ (4자리 이동) **E LSX HSK**.

해답 306p

7 담장 위에 3마리의 새가 앉아 있다. 사냥꾼이 한 발의 총을 쏘았을
때 몇 마리의 새가 남았을까?

☞ (8자리 이동) **VWVM. BPM WBPMZA NTME IEIG.**

8 시간을 가장 잘 지키는 동물은 무엇인가?

☞ (10자리 이동) **K GKDMRNYQ**

9 여러분이 직접 수수께끼를 쓰고 답을 암호문으로 만들어라. 칠판이나 종이
위에 수수께끼를 쓴 다음, 친구들과 함께 풀어보자(이때 사용한 시저 암호의 이
동 자릿수를 말하여라).

해답 306~307p

고아 소녀 애니와 캡틴 미드나이트

1930년대 말, 아이들은 수업이 끝나면 고아 소녀 애니에 관한 가장 최신 이야기를 듣기 위해 라디오 앞으로 모여들었다. 빨간 머리의 애니는 샌디라는 개와 함께 다니면서 흥미로운 모험을 했고 그 이야기가 매일 이어졌다.

또 만일 다음에는 어떤 일이 일어나는지를 알고 싶으면, Code-O-Graph라는 고아 소녀 애니 디코더(해독기)를 사용해 이야기의 줄거리를 알 수 있었다. 해독기인 Code-O-Graph는 애니가 붙인 이름으로 이 책에서 다룬 것과 같은 암호 원판이었다.

고아 소녀 애니가 방송된 후, 오발틴 회사는 범죄를 소탕하는 캡틴 미드나이트 라디오 쇼를 후원했다. 캡틴 미드나이트의 조수도 Code-O-Graph를 가지고 있으며, 워싱턴에 메시지를 보낼 때 사용했다.

Code-O-Graph를 우편으로 주문한 청취자들은 범죄와 싸우는 사람들로 구성된 캡틴 미드나이트 비밀 단체의 회원이 되었다. 그리고 쇼를 진행하는 아나운서가 다음 프로그램에 대해 방송한 메시지들을 해독할 수 있었다.

수로 된 비밀 메시지

제니를 포함한 친구들은 서로 비밀 메시지를 보냈다. 제니는 암호문을 만들 때 문자를 수로 대체하는 방법을 즐겨 사용했는데, 예를 들어 a를 0, b를 1, c를 2, ……로 나타내는 것과 같다.

a	b	c	d	e	f	g	h	i	j	k	l	m	n	o	p	q	r	s	t	u	v	w	x	y	z
0	1	2	3	4	5	6	7	8	9	10	11	12	13	14	15	16	17	18	19	20	21	22	23	24	25

암호띠

제니는 문자를 수로 대체하는 방법을 이용해 다음과 같이 자신의 이름을 암호화했다.

J e n n y
9 4 13 13 24

모자 돌리기

a 문자를 수로 대체하는 방법을 사용해 선생님의 이름을 암호화하라. 여러분의 답과 친구들의 답을 비교해 보아라.

b 같은 방법으로 여러분의 이름을 암호화해보자. 선생님이 준비한 모자 안에 암호화된 여러분의 이름이 적힌 종이를 넣어라.

c 모자를 차례차례 돌려 친구들이 모두 이름을 넣으면, 다시 모자를 돌려가며 각자 모자에서 종이를 한 장씩 꺼내어라. 종이에 적혀 있는 이름을 해독하고 그 이름을 가진 친구에게 돌려주면 된다.

제니는 한동안 문자를 수로 대체하는 방법을 이용해 암호문을 만들었지만, 곧 다른 누군가가 자신의 방법을 쉽게 알아낼 것만 같은 생각이 들었다. 그래서 시저 암호를 알게 되자 문자를 수로 대체하는 방법과 시저 암호를 결합해 보기로 했다. 그 결과 자신이 만든 암호띠에서 수들을 3자리씩 이동하여 다음과 같이 수로 된 시저 암호를 만들었다.

a	b	c	d	e	f	g	h	i	j	k	l	m	n	o	p	q	r	s	t	u	v	w	x	y	z
3	4	5	6	7	8	9	10	11	12	13	14	15	16	17	18	19	20	21	22	23	24	25	0	1	2

3자리를 이동한 암호띠

제니는 자신이 만든 수로 된 시저 암호를 사용할 때는 암호 원판이 따로 필요하지 않다는 것을 알게 되었다. 단지 간단한 계산만 하면 되었다. 제니는 다음 순서도에 따라 문자 j를 암호화했다.

제니는 4자리를 이동한 수 시저 암호를 이용해 오빠의 이름을 암호화하기 위해, 먼저 각 문자를 수로 대체한 다음 각 수에 4를 더했다.

문제

1 제니가 암호문을 만드는 방법을 활용해 다음 수수께끼의 답을 해독하라.

a 수수께끼 새들이 좋아하는 쿠키는 무엇일까?

☞ 2, 7, 14, 2, 14, 11, 0, 19, 4, 2, 7, 8, 17, 15

b 수수께끼 everything은 항상 무엇으로 끝날까?

☞ 19, 7, 4, 11, 4, 19, 19, 4, 17, 6

해답 307p

문제

2 a 28쪽의 암호띠를 사용해 James Bond를 암호화하라.

b 3자리를 이동한 위의 암호띠를 사용해 James Bond를 암호화하라.

c 여러분이 2a에서 답변한 답을 이용해 2b의 답을 구하려면 어떤 계산을 해야 하는지를 설명하라.

3 주어진 양만큼 자리를 이동해 각 단어를 암호화하라.

a Lincoln, 4만큼 이동

b Luke, 5만큼 이동

c experiment, 3만큼 이동
   암호화할 때, 다른 문자와 문자 x의 다른 점은 무엇인가?

해답 307p

 25보다 큰 수

a	b	c	d	e	f	g	h	i	j	k	l	m	n	o	p	q	r	s	t	u	v	w	x	y	z
0	1	2	3	4	5	6	7	8	9	10	11	12	13	14	15	16	17	18	19	20	21	22	23	24	25
3	4	5	6	7	8	9	10	11	12	13	14	15	16	17	18	19	20	21	22	23	24	25	26	27	28

0 1 2

제니가 3자리를 이동한 수 시저 암호를 이용해 자신의 이름을 암호화하려고 수를 더하기 시작했다. 하지만 문자 y가 문제가 되었다. y에 대응되는 수는 24로, 여기에 3을 더하면 $24+3=27$이 되기 때문이다. "이게 뭐야? 내 암호띠에는 27이 없어."

28쪽의 3자리를 이동한 암호띠에 따르면 y가 1로 암호화되어야 한다.

고민하던 제니는 손뼉을 치며 기뻐했다. "알았어. 띠 위의 수들은 단지 25까지만 쓰여 있어. 그런 다음 다시 0, 1, 2, ……와 같이 시작해. 그래서 27은 1이 되었던 거야."

이것을 바탕으로 제니는 수들이 원의 둘레에 빙 둘러 놓여 있는 것을 떠올렸다.

원의 둘레에서 같은 위치에 놓여 있는 수들을 서로 같다^{equivalent} 또는 합동^{congruent}이라고 한다. 그래서 26은 0과 같고, 27은 1과 같다.

제니가 수 시저 암호문을 해독하기 위해서는 단지 빼기만 하면 된다. 암호문을 만들 때 3을 더했다면, 해독할 때는 3을 빼기만 하면 되는 것이다. 예를 들어, 12를 해독하기 위해서는 12에서 3을 빼면 된다. $12-3=9$로 이 값에 대응하는 문자는 j이다. 따라서 12를 해독하면 j가 됨을 알 수 있다.

4 0과 25 사이의 수 중 다음 수와 같은 것은 무엇인가?

   a 28　　　　b 29　　　　c 30　　　d 34　　　e 36　　　f 52

5 25보다 큰 수를 0과 25 사이에 있는 같은 수로 어떻게 대응시키는지를 말해주는 계산방법을 설명하여라.

6 주어진 양만큼을 더하여 각 단어를 암호화하여라. 단 암호화하여 나타낸 수는 0과 25 사이의 수여야 한다.

   a x－ray, 4를 더한다.

   b cryptography, 10을 더한다.

7 다음은 제니가 3을 더하여 친구의 이름을 암호화한 것이다.

   14, 11, 14, 3, 10

   이 암호문을 해독해 친구의 이름을 알아보자.

8 수수께끼 자전거가 스스로 서 있을 수 없는 이유는 무엇인가?

   답 (3을 더하여 암호화한 것) **11, 22, 21 22, 21 22, 25,
   17 22, 11, 20, 7, 6**

9 수수께끼 포테이토칩을 좋아하는 원숭이를 뭐라 부르는가?

   답 (5을 더하여 암호화한 것) **5　7, 12, 13, 20　17, 19, 18, 15**

10 수수께끼 마녀가 가장 좋아하는 과목은 무엇인가?

   답 (7을 더하여 암호화한 것) **25, 22, 11, 18, 18, 15, 20, 13**

11 도전 문제 다음은 3을 더하여 이름을 암호화한 것이다.

   22, 11, 15, 15, 1

a 3을 빼서 암호문을 해독하라.

b 1에 어떤 일이 일어났는가? 문제를 해결하기 위해 무엇을 해야 하는가?

해답 308p

음수

아비는 6을 더하여 자신의 이름을 암호화

했다(y에 대응하는 수가 30이었지만 4로 대체했

다. 이것은 수들을 원의 둘레에 놓으면 30과 같다).

제니는 6을 빼서 아비의 이름을 암호화한

수를 해독하기 시작했지만 4를 해독하기가 어려웠다. 6을 뺀 결과

음수가 되었기 때문이다.

$$4 - 6 = -2$$

"뭐야, 음수잖아?" 음수가 나와 놀란 제니가 중얼거렸다. "−2

에 대응하는 문자는 뭐지?"

이 암호에서 사용하는 수들은 0에서 25까지의 수이다. 이 범위

밖의 수들을 0과 25 사이의 어떤 수와 같은 수로 대응시키기 위

해서는 먼저 원의 둘레에 빙 둘러가며 쓴다. 이 방법은 25보다 큰

수나 0보다 작은 수에 대해서도 잘 맞는다.

제니는 0에서 2만큼을 거꾸로 세면 −2가 되고, 0이 26과 같으므로, 26에서 2만큼을 거꾸로 세어 −2가 24와 같다는 것도 알게 되었다. 때문에 암호띠에서 24가 y에 대응하므로, 아비의 이름을 암호화한 수들 중에서 4가 y로 해독된다고 결론을 내렸다.

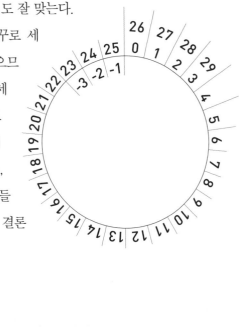

문제

12 0과 25 사이의 수 중에서 다음 수들과 같은 원 위의 수는 무엇인가?

   a 26   b 28   c −1   d −2   e −4   f −10

13 0보다 작은 수를 0과 25 사이에 있는 같은 수로 어떻게 대응시키는지를 말해주는 계산방법을 설명하여라.

14 괄호 안의 수를 빼서 다음 암호문을 해독하여라. 이때 음수는 0과 25 사이에 있는 같은 수로 대체한다.

   a 18, 11, 2, 2, 3 (3을 뺀다.)   b 3, 10, 7, 18 (10을 뺀다.)

   c 7, 4, 13 (15를 뺀다.)

해답 308p

15   *수수께끼*   기타를 치는 chair를 무엇이라 부를까?

    📩 (10을 더하여 암호화한 것) **10 1, 24, 12, 20, 14, 1**

16   *수수께끼*   witch를 itch로 어떻게 만들까?

    📩 (20을 더하여 암호화한 것) **13, 20, 4, 24 20, 16, 20, 18,**

    1, 24, 11 16

해답 308p

🔒 쉽게 계산하기

아비와 제니는 뺄셈의 결과 나타나는 음수를 해독하는 것이 매우 귀찮다고 생각했다. 그래서 보다 적절한 방법을 찾기 위해 계산 결과 음수가 나타난 〈문제 16〉의 수수께끼를 조사하기 시작했다.

제니는 다음과 같이 단계들을 다시 살펴보았다.

"witch를 itch로 만드는 방법을 묻는 수수께끼의 답은 20을 더해서 만든 암호문이야. 그래서 해독하기 위해 20을 빼서 계산했어. 예를 들어, 13을 해독하기 위해 $13 - 20 = -7$을 계산한 거지."

"난 그것이 마음에 안 들어." 아비가 말했다. "뺄셈을 한 후에도 여러 계산을 더했거든. 0과 25 사이의 수를 구하기 위해 26을 더했어."

"계산하는 것이 그렇게 나쁘지는 않아," 제니가 말했다. "난 손

쉬운 방식을 찾기 위해 독특하고 다양한 생각을 해야 하는 게 좋아."

"원의 둘레에 빙 둘러 배열한 수들을 조사하는 것이 도움이 될지도 몰라." 아비의 말에 제니가 대답했다. "살펴보자. 13에서 출발하여 20만큼을 거꾸로 즉 시계 반대방향으로 가면 −7에 도착하게 돼. 이것은 19와 같은 수야."

"나도 너와 같은 생각이야." 아비가 손뼉을 쳤다. "뺄셈은 원의 둘레를 시계 반대방향으로 가는 것과 같아."

"하지만, 원의 둘레를 다른 방향(시계방향)으로 돌아 13에서 19까지 갈 수도 있어. 그것은 더하는 것과 같아." 제니는 방금 떠오른 이 아이디어가 마음에 들었다.

"좀더 쉽게 하려면 우리가 더하거나 또는 빼면 된다는 거야? 어떻게 그럴 수 있지?" 아비가 물었다.

"그것은 보통의 수직선이 아닌, 원 위에 있기 때문이야."

"그렇구나. 그래서 26개의 수가 놓여 있는 원에서 20을 빼는 것은 6을 더하는 것과 같아." 아비가 신중하게 생각하며 말했다. "또 다른 예에 이 방법을 적용해 보자."

"witch itch 수수께끼에서의 단어 1, 24, 11을 살펴보자. 해독을 하려면 20을 빼거나 또는 6을 더하면 돼."

"하지만 이렇게 하면 다 해결될까? 6을 더하면, 1과 11은 쉽게 해독이 되지만, 24는 해독하기가 어려워." 아비는 여전히 의심을 하는 눈치였다.

"각 문자를 같은 방법으로 꼭 하지 않아도 돼." 제니가 말했다. "6을 더하여 1과 11을 해독하고, 24는 20을 빼서 해독하면 돼. 두 가지 방법 모두 같은 답이 나올 거야. 문자에 따라 보다 간단히 계산할 수 있는 방법을 선택하면 돼."

17 a 문제 15의 수수께끼의 답을 해독하기 위해서는 10을 빼면 된다. 10을 빼서 구한 답과 같은 답을 구하려면 얼마를 더하면 될까?

b 음수와 25보다 큰 수를 피하기 위해 더하거나 빼서, 문제 15의 수수께끼의 답을 다시 해독해 보아라.

18 a 9를 더하여 메시지의 암호문을 만들었다고 하자. 그 암호문을 해독할 수 있는 서로 다른 방법 두 가지를 말하여라.

b 다음 메시지는 9를 더하여 암호문으로 만든 것이다. 음수와 25보다 큰 수를 피하기 위해 더하거나 빼서 해독하라.

5, 13 16, 9, 4, 13 14, 23, 3, 22, 12 9
1, 16, 23, 0, 2, 11, 3, 2.

19 a 5를 더하여 메시지의 암호문을 만들었다고 하자. 그 암호문을 해독할 수 있는 서로 다른 방법 두 가지를 말하여라.

b 일반적으로, n을 더하여 메시지를 암호화했다고 하자. 그 암호문을 해독할 수 있는 서로 다른 방법 두 가지를 말하여라.

20 수수께끼 무서운 유령의 집에서 유령에게 쫓기는 여러분을 상상해 보아라. 여러분은 무엇을 해야 할까?

☞ (10을 더하여 암호화한 것) **2, 3, 24, 25 18, 22, 10, 16,**
18, 23, 18, 23, 16

21 수수께끼 의사가 자신의 감정을 조절해야 하는 이유는 무엇인가?

☞ (11을 더하여 암호화한 것)
12, 15, 13, 11, 5, 3, 15 18, 15 14, 25, 15, 3, 24, 4
7, 11, 24, 4 4, 25 22, 25, 3, 15 18, 19, 3
0, 11, 4, 19, 15, 24, 4, 3

22 단어 "coincide"의 뜻은 무엇인가?

답 (7을 더하여 암호화한 것) 3, 14, 7, 0 19, 21, 25, 0 22, 11, 21, 22,
18, 11 10, 21 3, 14, 11, 20
15, 0 24, 7, 15, 20, 25

23 국경지역에서의 생활에 대해 배우던 아비는 궁금한 것이 생겼다. "피터,
국경지역이 어디야?" 그러자 피터가 다음과 같이 말했다. 피터가 한 말을
해독하여라(13을 더해서 암호화한 것).

6, 20, 13, 6, 5 13 5, 21, 24, 24, 11 3, 7, 17,
5, 6, 21, 1, 0.
11, 1, 7 1, 0, 24, 11 20, 13, 8, 17 13 24, 17,
18, 6
17, 13, 4 13, 0, 16 13 4, 21, 19, 20, 6 17,
13, 4.

해답 309~310p

암호문 이어가기(2) 활동방법은 18쪽의 내용 참조

이번에는 수를 사용해 암호문을 나타낸다. 이름 대신 암호문으로
간단하게 만들 수 있는 어구를 선택하여라. 예를 들어, quick as
lightning 또는 a penny saved is a penny earned가 암호화하
기 위한 좋은 어구이다.

빌암호와 보물

1817년 토머스 빌과 29명의 사람들이 뉴멕시코주 산타페 북쪽에서 어마어마한 양의 금과 은을 발견했다는 전설이 있다. 그 보물을 버지니아주의 베드퍼드의 근처의 안전한 장소에 묻은 빌은 잠시 묵고 있던 호텔 주인 로버트 모리스에게 자물쇠가 달려 있는 철제 상자를 맡기며 자신이 10년 안에 돌아오지 못하면 열어보라고 당부했다.

모리스는 23년 동안 빌을 기다렸지만 오지 않자 상자를 열었다. 상자 안에는 4장의 종이가 들어 있었다.

한 장은 빌이 모리스에게 쓴 편지이고 다른 세 장은 암호처럼 보이는 숫자들로 가득 차 있었다. 편지에는 보물이 어떻게 발견되었는지와 다른 세 장의 종이 중 첫 번째 장은 보물을 묻은 장소를, 두 번째 장은 보물 자체에 대해, 세 번째 장은 보물을 함께 나누어 가질 사람들의 친척 이름을 적어 놓았다고 적혀 있었다.

그후 수 년 동안 모리스는 암호를 해독하려고 노력했다. 하지만 번번히 실패했고 1862년 84세가 된 모리스는 그 비밀을 친구에게 넘겼다.

암호를 넘겨 받은 친구 또한 해독하기 위해 많은 시간과 돈을 들였지만, 겨우 보물의 목록을 적어놓은 두 번째 장의 암호만을 해독할 수 있었다. 거기에는 먼저 묻은 장소에는 460kg의 금과 1730kg의 은이, 나중에 묻은 장소에는 865kg의 금과 584kg의 은, 은을 주고 바꾼 보석들이 묻혀 있다는 것을 말하고 있었다.

이 어마어마한 보물이 묻힌 장소를 알려주는 암호문을 가지고 있음에도 풀지 못하고 좌절해야만 했던 모리스의 친구는 길고 긴 좌절의 시간이 흐른 후, 다른 사람들이 남은 페이지를 해독할 수 있도록 암호와 자신이 해독한 것을 설명한 소책자를 익명으로 출판했다.

빌 암호의 미스터리는 많은 사람들의 호기심을 불러일으켰다. 이것이 날조라고 주장하는 사람들도 있지만, 전문 암호학자들을 포함한 많은 사람들은 실제로 있었던 일이라고 주장하고 있다.

시저 암호 해독하기

 호를 사용해 메시지를 주고 받는 것이 순식간에 유행처럼 퍼졌다. 학생들은 암호가 다른 누군가가 읽을 수 없는 비밀편지를 주고받기 위한 훌륭한 방법이라고 생각했다. 댄은 시저 암호문을 배우고 나서 7자리를 이동한 시저 암호로 팀에게 보낼 암호문을 만들었다. 그리고 팀이 편지를 받은 후 암호문 해독 방법을 알아채도록 하기 위해 편지의 윗부분에 수 7을 써 놓았다.

> (ㄱ)
>
> APT
> P OHCL H ZLJYLA
> SLA'Z TLLA
> KHU

팀에게 보낸 댄의 편지

그런데 공교롭게도 이 편지를 에비에가 먼저 발견했다. 에비에는 댄이 시저 암호를 이용했다는 것은 물론, 7자리를 이동했다는 것까지도 알아냈다. 에비에가 7을 열쇠처럼 사용해 댄의 메시지를 해독하자 두 남학생은 키를 비밀로 했어야 했다는 것을 깨달았다.

이번 일로 학생들은 비밀 메시지를 발견한 사람이 누구든지 그것을 암호화하는 데 사용했던 방법을 추측해낼 수 있다는 것과, 이를 예방하기 위해 메시지를 비밀로 유지하기 위한 키와 같은 다른 무언가가 필요하다는 것을 알게 되었다.

사실 암호시스템은 두 부분으로 나누어 생각할 수 있다. 암호 알고리즘(방법)과 알고리즘에서 특별하게 사용되는 키^{key}가 그것이다. 시저 암호 시스템에서, 암호화 알고리즘은 문자들을 선택한 수만큼 자리를 이동하는 것(또는 더하는)이고, 키는 문자를 이동시키는 자리의 수를 말한다. 누군가가 여러분의 암호시스템을 알게 되더라도, 시스템 전체를 바꿀 필요는 없다. 간단히 키만 바꾸면 된다.

키를 바꿈으로서 메시지를 비밀로 할 수 있다는 확신이 들자, 댄은 팀에게 다른 편지를 보냈다.

M PMOI IZMI,
FYX HSR'X XIPP
LIV M WEMH WS.

댄이 팀에게 보낸 두 번째 편지

남학생들에게는 불행한 일이지만, 눈치 빠른 에비에는 그 비밀도 알아냈다. 댄이 편지에 키를 써놓지 않았는데도 에비에가 그걸 알아낸 것이다. 메시지를 해독한 에비에는 그 내용을 읽고 너무 놀란 나머지 숨이 막혔다. 에비에는 남학생들의 키를 어떻게 찾았을까?

1 팀에게 보낸 댄의 편지를 해독하여라.

2 팀에게 보낸 댄의 두 번째 편지를 해독하여라.

해답 310p

🔒 시저 암호 해독하기

에비에는 댄의 메시지에서 몇 개의 문자가 한 문자로 이루어진 단어가 될 수 있다는 것을 생각해냈다(영어에서 한 문자로 이루어진 단어가 될 수 있는 것은 어떤 문자들인가?). 에비에는 몇 자리를 이동하면 그런 문자들이 만들어지는지를 알아내고 이를 통해 키도 찾아내기로 하였다. 그 결과 메시지에서 의미가 통하는 몇 개의 단어를 알아내 결국 키를 알게 되었다.

실망한 팀과 댄은 다시 한번 여학생들이 해독할 수 없는 메시지를 보내기로 했다. 이번에는 다음과 같이 단어들 사이의 공간을 없 앴다.

EWWLHWLWJSFVEWLGFAYZLSLGMJKWUJWLHDSUW.

AZSNWKGEWLZAFYWDKWLGLWDDQGM.

편지를 발견한 여학생들은 당황했다.

"단어들 사이에 공간이 없어." 릴라가 말했다. "단서를 없앴어."

"포기하지 마." 에비에가 말했다. "한 문자로 이루어진 단어를 대응시키면 돼—원판이 그 나머지를 알 려줄 거야. 일단 문자들을 알면, 공백의 위치를 알아낼 수 있어."

"원판에서 이동할 수 있는 모든 경우를 다 알아봐야 해?" 릴라가 궁금해했다.

"아니 그렇지 않아. 더 멋진 방법이 있 어." 에비에가 싱긋 웃었다. "e가 영어에 서 가장 많이 사용되는 문자라고 들었 어. 암호문에서 가장 많이 나타나는 문 자를 찾고 그것을 e로 대응시켜 보기로 하자."

A	⫼	N	\
B		O	
C		P	
D	⫼⫼	Q	\
E	⫼\	R	
F	⫼\	S	⫽⫽
G	𝍨	T	
H	\\	U	\\
I		V	\
J	\\	W	𝍫𝍫\\
K	⫼	X	\
L	𝍪⫼⫼	Y	\
M	\\	Z	⫼

에비에는 오른쪽과 같이 메시지에 나타난 문자들을 정리해 표로 나타내었다.

"W가 가장 많이 사용되었어. 그럼 e가 W에 대응하도록 원판을 돌려보자."

그러자 a가 S에 대응하는 원판이 만들어졌다.

"이것 봐! 이것이 남학생들의 메시지야!" 그들은 환성을 질렀다.

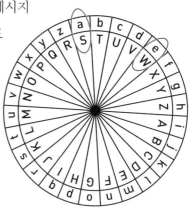

a-S 암호 원판

Meetpeterandmetonightatoursecretplace.I havesomethingelsetotellyou.

"공백이 없어도 읽을 수 있어."

에비에의 방법이 맞은 것이다. 하지만 항상 그러는 것은 아니다. e를 가장 많이 사용되는 문자와 대응시킨 후에도 메시지의 의미를 알 수 없다면, 자주 사용되는 다른 문자들과 대응시켜 보아야 한다.

문제

3 키를 먼저 찾은 다음, 수수께끼의 답을 해독하여라. 한 문자로 이루어진 단어가 암호해독에 도움이 될 것이다.

a 수수께끼 행복한 lassie를 무엇이라고 부르는가?

답 E NSPPC GSPPMI

b 수수께끼 똑똑, 거기 누구세요? 캐쉬예요. 캐쉬라니 누구신지?

답 O QTKC EUA CKXK YUSK QOTJ UL TAZ

c 수수께끼 가장 시끄러운 디저트는 무엇인가?

답 W GQFSOA

4 다음 인용구를 해독하여라.

HS RSX ASVVC EFSYX CSYV HMJJMGYPXMIW
MR QEXLIQEXMGW, M EWWYVI
CSY XLEX QMRI EVI KVIEXIV.

– 앨버트 아인슈타인

5~9번 문제는 인용구를 각각 해독한 뒤 암호문으로 만들 때 사용된 키를 말하여라.

5 PKB KXN KGKI DRO LOCD ZBSJO DRKD VSPO
YPPOBC SC DRO MRKXMO DY GYBU RKBN KD
GYBU GYBDR NYSXQ.

–시어도어 루즈벨트

해답 310p

6 JAJS NK DTZ'WJ TS YMJ WNLMY YWFHP, DTZ'QQ LJY WZS
TAJW NK DTZ OZXY XNY YMJWJ.

–윌 로저스

7 RCAB JMKICAM AWUMBPQVO LWMAV'B LW EPIB GWC
XTIVVML QB BW LW LWMAV'B UMIV QB'A CAMTMAA.

–토머스 에디슨

8 QBA'G JNYX ORUVAQ ZR, V ZNL ABG YRNQ.
QBA'G JNYX VA SEBAG BS ZR, V ZNL ABG
SBYYBJ. WHFG JNYX ORFVQR ZR NAQ OR ZL
SEVRAQ.

–앨버트 카뮤

9 OCPAQHNKHG'UHCKNWTGUCTGR
GQRNGYJQFKFPQVTGCNKBGJQ
YENQUGVJGAYGTGVQUWEEGUU
YJGPVJGAICXGWR.

–토머스 에디슨

10 도전 문제

16, 14, 23, 18, 4, 2 18, 2   24, 23, 14 25, 14, 1
12, 14, 23, 3 18, 23, 2, 25, 18, 1, 10, 3, 18, 24, 23
23, 18, 23, 14, 3, 8 23, 18, 23, 14 25, 14, 1
12, 14, 23, 3 25, 14, 1, 2, 25, 18, 1, 10, 3, 18, 24, 23.

–토머스 에디슨

해답 310~311p

나바호 암호병

나바호 암호통신병은 제2차 세계대전 때 미국을 위해 중요한 역할을 했다. 아메리카 대륙의 원주민인 나바호 인디언들은 나바호어를 바탕으로 한 암호를 개발했는데 방법은 다음과 같다.

먼저 411개의 군사용어를 몇 개의 단어를 결합한 간단한 말로 나타낸 다음, 그것을 나바호어로 바꾸었다. 즉 잠수함을 쇠로 된 물고기로 바꾼 다음, 마지막에는 besh-lo로 나타내는 것처럼 말이다. 다른 단어들은 철자를 알파벳으로 말하되 이 알파벳의 음가를 암호화했다. 즉 문자 a는 영어 단어 ant로 나타내고, 이것은 다시 wol-la-chee^{월라치}로 바꾸었다. 따라서 'sea^{바다}'라는 단어의 철자를 말할때 'sheep, elk, ant'라는 뜻의 나바호 단어인 '디베, 드제, 월라치^{Dibeh Dzeh Wol-la-chee}'라는 암호를 사용했다. 암호병들은 미군 대대 사이에 무전기나 전화로 비밀 메시지를 주고 받을 때 이 코드를 활용했다. 나바호어는 소수 나바호족에서도 얼마 안되는 사람들만이 사용하기 때문에 암호로서의 역할을 톡톡히 할 수 있었다.

암호병들은 1942년부터 1945년까지 태평양 전투에서 미

해군의 모든 공습에 투입되었고 숫자도 29명에서 400명까지 늘어났다. 미군은 암호병들을 매우 중요하게 여겨 이들을 보호하기 위해 개인경호원을 붙이기도 했다. 이 전투에 참가했던 한 해병장교는 '나바호 암호병들이 아니었더라면 이오지마 전투에서 승리하지 못했을 것이며 제2차 세계대전도 다른 결과를 낳았을지 모른다'고 회고했다.

전쟁이 끝난 후, 일본은 미국이 사용한 암호를 해독할 수 없었다고 토로했다.

이후 전쟁 발발 시 사용 가능성 때문에, 나바호 암호는 1968년 이전까지 일급군사기밀로 취급되었다. 암호병들은 제2차 세계대전에서 중요한 역할을 했음에도 제대로 인정받지도 못하다가 1982년 공식적으로 인정받게 되었다. 미 정부는 8월 14일을 '나바호 암호병들의 날'로 정했다.

전쟁이 끝난 지 50여 년이 지난 2001년 6월, 암호를 개발했던 29명의 암호병 출신 나바호 인디언들은 최고명예훈장을 받았다. 그리고 미 대통령이, 생존해 있는 개발자와 이미 사망한 암호병의 가족들에게 직접 훈장을 수여했다.

대체 암호

키워드 대체 암호

댄은 매우 흥분했다. 야외활동 클럽이 스키여행을 계획하고 있다는 것을 들었기 때문이다. 하지만 만약 여동생 제니와 그 친구들이 먼저 참가신청을 하기라도 하면, 자신의 친구들은 자리가 없을 수도 있다는 생각이 들었다. 댄은 제니의 좌석만 예약하고 친구들이 등록할 때까지는 제니에게 비밀로 하기로 했다.

그동안 댄은 친구들에게 여행에 관한 비밀 메시지를 보내기로 했다. 제니가 메시지를 읽을 수 없도록 암호문으로 보내기로 한 댄은 고민했다. 어떤 암호를 사용해야 할까? 댄은 자신이 팀에게 보낸 시저 암호 메시지를 에비에가 어떻게 해독했는지를 기억하고 있었다. 에비에는 한 문자로 이루어진 단어의 문자를 알아내고, 이동한 자리의 수를 알아내었다. 댄은 시저 암호의 덧셈 패턴이 해독하기 매우 쉬운 방법이라는 생각이 들었다.

"패턴을 알 수 없는 암호를 만들어야지. 문자들을 뒤섞어 어느 누구도 내 암호를 알아낼 수 없도록 해야겠어."

댄은 패턴이 없는 다음과 같은 표를 만들었다. 이것이 바로 대체 암호이다. 대체 암호에서는 알파벳의 각 문자를 다른 문자로 대체한다. 1장의 시저 암호 또한 대체 암호이지만, 이동패턴이 일정해 해독이 쉽다.

a	b	c	d	e	f	g	h	i	j	k	l	m	n	o	p	q	r	s	t	u	v	w	x	y	z
K	O	C	W	G	Y	L	X	A	U	Z	B	M	V	T	N	J	F	S	D	E	R	H	Q	P	I

"내 대체 암호의 문제라면 사용하기에 편하지는 않다는 거야." 댄은 생각했다. "친구들이 내 메시지를 해독할 수 있도록 이 대체 암호가 어떤 것인지 어떻게 말하지? 표를 만들어 보내야겠어."

그때 댄은 키워드 암호에 관한 책을 읽고 그 암호가 이 문제에 유용하다는 것을 깨달았다. 키워드keyword 암호는 암호띠에서 키워드를 사용하는 일종의 대체 암호로, 패턴을 쉽게 설명할 수 있는 반면, 수와 관련이 없어 시저 암호처럼 쉽게 해독되지는 않는다.

키워드 암호에서, 보내는 사람은 한 개의 키워드와 한 개의 키문자key letter를 채택한다. 키워드는 키문자 아래에서 시작해 각 알파벳 아래에 쓴다. 그런 다음, 키워드에 사용하지 않은 문자들을 알파벳 순서에 따라 모든 문자들이 다 사용될 때까지 돌려서 쓴다. 만약 키워드에서 한 개의 문자가 한 번 이상 나타나면, 그것이 나타나는 첫 번째 것만 쓰도록 한다.

예를 들어, 다음 표는 키워드가 **DAN**이고 키문자가 **h**인 암호를 보여주고 있다. 키워드 **DAN**은 **h** 아래에서 시작한다. 나머지 알파벳은 순서대로 배치한다.

a	b	c	d	e	f	g	h	i	j	k	l	m	n	o	p	q	r	s	t	u	v	w	x	y	z
T	U	V	W	X	Y	Z	D	A	N	B	C	E	F	G	H	I	J	K	L	M	O	P	Q	R	S

키워드 DANNA, 키문자 h.

댄의 친구들은 종종 그를 대니라고 불렀다. 그래서 키워드로 "Danny"를 사용하기 위해, 선을 그어 두 번째 **n**을 지우고 **DANY**를 사용했다. 그렇지 않으면 표에서 알파벳의 모든 문자들을 위한 자리가 부족하게 된다. 아래의 표는 키워드가 **DANNY**이고 키문자가 **h**인 키워드 암호를 보여주고 있다.

a	b	c	d	e	f	g	h	i	j	k	l	m	n	o	p	q	r	s	t	u	v	w	x	y	z
S	T	U	V	W	X	Z	D	A	N	Y	B	C	E	F	G	H	I	J	K	L	M	O	P	Q	R

댄은 여행에 대한 구체적인 내용이 최종 공고되면 친구들에게 키워드 암호를 사용해 메시지를 보내겠다고 말한 후 공고를 기다리면서 매일 스키장에 전화를 걸었다. 마침내 여행 안내문이 게시되었다.

댄은 다음과 같이 메시지를 암호화해 학교 친구들에게 차례차

례 돌리면서 키워드가 **SKITRIP**이고, 키문자가 **p**라는 것을 말
해주었다. 비록 여학생들이 키워드와 키문자를 알고 있다 해도
키워드 암호에 대해서는 알지 못하기 때문에 그들이 그 메시지를
해독하는 방법은 모를 것이라고 확신하면서 말이다.

OLIL FIL ROL JLRFQWT ZM ROL ZPRJZZI HWPG'T TVQ
RIQS: ROL RBZ-JFD RIQS RZ SQYL XZPYRFQY BQWW GL
TFRPIJFD FYJ TPYJFD, ROL MQITR BLLVLYJ QY MLGIPFID.

ROL GPT BQWW WLFAL MIZX ROL SFIV'T OLFJKPFIRLIT
FR LQNOR FX FYJ ILRPIY FR RLY SX TPYJFD.

ILNQTRIFRQZY MZIXT FIL JPL GD YLCR MIQJFD SQHV
ROLX PS QY ROL SFIV ZMMQHL.

ROL RIQS QT WQXQRLJ RZ ROL MQITR RBLYRD BOZ
TQNY PS, TZ SWLFTL OPIID ZI ROLIL XQNOR YZR GL
LYZPNO TSFHL.

문제

다음 수수께끼는 키워드 암호를 사용해 암호된 것이다. 답을 해독하여라.

1 **키워드: DAN, 키문자: h**

 사과를 베어 먹을 때 벌레를 발견하는 것보다 더 나쁜 일은 무엇일까?

☞ **YAFWAFZ DTCY T PGJE**

해답 311p

2 키워드: HOUSE, 키문자: m

　　🔊깨끼　표범의 몸에 반점을 찍는 것은 어려울까?

　　🖐　**OU. CVQJ LAQ MUAO CVLC GLJ.**

3 키워드: MUSIC, 키문자: d

　　🔊깨끼　신체부위 중 가장 많이 떨리는 곳은 어디인가?

　　🖐　**VHPL UXLMLPFN**

4 키워드: FISH, 키문자: a

　　🔊깨끼　대지^{mother earth}는 낚시를 할 때 무엇을 사용할까?

　　🖐　**TDA MNQTD FMH RNUTD ONKAR**

5 키워드: ANIMAL, 키문자: g

　　🔊깨끼　체포할 때 벨트를 사용하는 이유는 무엇일까?

　　🖐　**ZEH NEBXIDA OF KNY FUDKJ.**

6 키워드: RABBIT, 키문자: f

　　🔊깨끼　토끼들은 어떻게 여행할까?

　　🖐　**WS BVKZHDVFZ**

* 토끼비행기^{hareplane}: airplane이 토끼^{hare}라는 낱말이 들어간 hareplane으로 변형된 것이라 함

7 키워드: MISSISSIPPI, 키문자: d

　　🔊깨끼　들을 수 없는 ear*s은 무엇일까?

　　🖐　**IXLN HS ZHLG**

8 댄의 메시지를 해독하여라(긴 메시지인 만큼 원한다면 다른 친구들과 함께해도 된다).

9 다른 모둠에게 메시지를 써라. 키워드 암호를 사용해 그것을 암호화하여라. 그들이 메시지를 해독하도록 그들에게 여러분의 키워드와 키문자를 말해 주어라.

* **ear**: 귀, (보리 등의) 이삭 등등

춤추는 인형

셜록 홈즈 미스테리의 저자인 아서 코난 도일은 암호에 관심이 많았다. 사실, 그는 몇몇 소설에 암호를 사용했다.

소설 《춤추는 인형》에서, 범인 에이브 슬레이니는 나뭇가지로 춤추는 인형 모습을 만들어 대체 암호로 사용했다. 이때 서로 다른 문자를 나타내기 위해 인형의 팔과 다리의 위치나 모습을 다르게 표현했다. 슬레이니는 어렸을 때 사랑했던 엘시에게 이 암호를 사용해 협박 편지를 보냈다. 전달된 메시지를 본 홈즈는 몇 개의 춤추는 인형의 뜻을 알아내었다.

하지만 때를 놓쳐 살인을 막을 수 없었던 홈즈는 속임수를 써 범인인 슬레이니에게 사건 현장으로 오라는 다음과 같은 메시지를 보내 체포할 수 있었다.

COME HERE AT ONCE(곧장 와)

이것은 문자 대신 기호를 사용해서 만든 대체 암호의 한 예로, 각 기호가 아래와 같이 각각 문자와 대응하며 단어의 끝을 나타내기 위해 깃발을 흔들고 있는 인형을 추가한 것이다.

문자의 출현빈도

댄이 경솔하게도 편지를 바지 주머니에 넣어둔 탓에, 빨래를 하다 편지를 발견한 어머니가 세탁기 옆에 그것을 놓아 두었다. 늦은 오후 편지를 발견한 제니는 곧 그 편지를 읽기 위해 암호를 해독하기로 했다. 댄의 편지에서 **L**이 가장 많이 사용되고 있다는 걸 알아내고 **e**가 **L**에 대응하도록 시저 암호 원판을 회전시켜 보았다. 하지만 다른 문자들이 맞지 않았다. 제니는 몇 번 더 대응을 달리하여 원판을 회전시켜 보았지만 어떤 것도 맞는 것이 없었다.

"이것은 시저 암호가 아니야." 제니가 혼잣말을 했다. "아마도 어떤 다른 종류의 대체 암호일 거야. 어쩌면 키워드 암호일지도 몰라. 내가 꼭 해독하고 말 거야."

대체 암호의 경우 대부분 시저 암호처럼 쉽게 해독되지 않는다고 하더라도, 암호 제작자들은 간단하면서도 정확하게 해독해낼 수 있다. 제니는 일부만 읽고도 무엇을 해야 할지 알아냈다.

몇 번의 시도 끝에, 암호를 해독해 스키여행에 대해 알게 된 제니는 친구들에게 너무 늦기 전에 등록하도록 연락했다. 댄과 그의 친구들이 낭패를 보게 된 것이다. 제니는 댄의 메시지를 어떻게 해독할 수 있었을까? 문자들이 모두 뒤섞여 있었는데도 말이다.

"그래 네가 이겼어. 하지만 네가 어떻게 해독했는지 우리에게 말해줘." 그들이 그녀에게 말했다.

"생각했던 것만큼 어렵지 않았어. 암호문에서 각 문자의 출현 횟수를 센 다음, 영어에서 문자들이 얼마나 자주 나타나는지를 정리해 놓은 데이터와 비교했어."

남학생들은 제니에게 지지 않기 위해, 영어에서 문자들이 얼마나 자주 나타나는지를 알아두는 것이 좋겠다고 생각했다.

빈도 frequency 는 어떤 것이 몇 번 일어나는지를 의미하는 말이다. 예를 들어, 식 **abcb**에서 문자 **b**의 빈도는 2이다. **ababcacfaeghi kvndswq**에서 **b**의 빈도 또한 2이다. 하지만 두 번째 식에서 b는 첫 번째 식에 비해 매우 적게 나타난 것이다. b의 상대적 빈도는 문자의 전체 수에 대한 b가 나타나는 수의 비율을 말한다.

$$\text{상대적 빈도} = \frac{\text{문자가 나타나는 횟수}}{\text{전체 문자 수}}$$

상대적 빈도는 분수, 소수, 퍼센트로 표시할 수 있다. 예를 들어, abcb에서 b의 상대적 빈도는 $\frac{2}{4}$ 또는 $\frac{1}{2}$ 이다. 이것은 0.5, 50% 와 같다. 그것은 b가 전체의 절반 또는 50%만큼 나타난다는 것을 의미한다.

ababcacfaeghikvndswq에서 b의 상대적 빈도는 $\frac{2}{20}$ 또는 $\frac{1}{10}$ 이다. 이것은 0.1, 10%와 같다.

분수를 소수로 나타낼 때 계산기를 사용해도 된다. **axqyyhib** 에서 b의 상대적 빈도는 $\frac{1}{8}$ 이다. 계산기를 사용해 소수로 나타내 면 다음과 같다.

$$\frac{1}{8} = 1 \div 8 = 0.125$$

0.125에 100을 곱하여 퍼센트로 나타내면 12.5%가 된다.

종종 답을 반올림해 간단하게 말해도 된다. 예를 들어, **bghji esrtasfgb**에서 b의 상대적 빈도는 $\frac{2}{14}$ 이다. 계산기를 사용해 이 것을 소수로 바꾸고 반올림하면 다음과 같다.

$$\frac{2}{14} = 2 \div 14 = 0.125$$

$$= 0.14285714286$$

$$\approx 0.143$$

또 0.143에 100을 곱하여 퍼센트로 바꾸면 14.3%가 된다.

댄과 피터는 영어에서 문자의 상대적 빈도를 알기 위해 몇 가지 데이터를 수집하기로 했다. 그들은 작업을 분담하기 위해, 각자 책의 몇몇 부분에서 각 문자들의 출현빈도를 세어 하나의 큰 표에 정리했다.

영어에서 문자의 상대적 빈도 찾기

유의할 점_ 혼자서도 데이터를 모을 수 있다. 대략 500개 정도의 문자가 있는 표본 글을 채택한 뒤 여러분이 모은 데이터를 part 3의 표에 직접 써 넣으면 된다. 이때 part 1과 part 2를 건너뛰도록 한다

part 1. 소표본에서 데이터 수집하기

a 신문기사나 다른 영어책에서 약 100개의 문자가 들어 있는 표본 글을 선택한다.

b 여러분이 속한 모둠의 친구들과 함께 표본 글에 사용된 A, B, …… 의 개수를 센다.

c 문자 빈도 표에 여러분이 속한 모둠의 데이터를 써넣는다.

문자	빈도
A	10
B	2
C	3
D	5

Sample letter 빈도

part 2. 소표본의 데이터를 통합해 대표본의 데이터 만들기

a 아래와 같은 식으로 빈도 표에 각 모둠의 데이터를 적어 넣는다.

b 선생님이 몇몇 모둠에게 각 행의 합계를 구하도록 요구할 수도

있다. 요구를 받은 모둠에서는 합계란에 계산 결과를 써 넣는다.

문자	Class Letter Frequencies										합계
	그룹 1	그룹 2	그룹 3	그룹 4	그룹 5	그룹 6	그룹 7	그룹 8	그룹 9	그룹 10	
A	10	9	6	5	8	8	10	12	4	6	78
B											
C											

표본에서 문자 A의 출현빈도 데이터

토론하기

- 통합한 빈도표에서 가장 많이 나타난 문자는 무엇인가?

- 이 문자가 모든 모둠의 데이터에서도 가장 많이 나타난 문자였는가?

- 자주 나타나는 다른 문자는 무엇인가? 대부분의 모둠에서 비슷한 결과가 나타났는가?

part 3. 상대적 빈도 계산하기

상대적 빈도표의 "빈도" 열에 part 2의 합계란에 넣은 데이터를 옮겨 적은 다음, 각 문자의 상대적 빈도를 분수, 소수, 퍼센트로 나타낸다.

문자	빈도	상대적 빈도		
		분수	소수 소수점 아래 셋번째 자리까지	퍼센트(%) to nearest tenth
A	78	78/1059	.074	7.4
B				
C				
D				

조사한 전체 문자 1059개에 대한 문자 A의 상대적 빈도

1 a 학급의 상대적 빈도표에서 문자 T의 상대적 빈도는 몇 퍼센트인가?

 b 100개의 문자가 들어 있는 표본에 약 몇 개의 T가 들어 있을 것이라고
 추측하는가?

 c 여러분이 대략 100개의 문자가 들어 있는 표본을 가지고 있다면, 1b에
 서 여러분이 추측한 답이 실제로 표본에 들어 있는 T의 수에 가까운가?

2 a 상대적 빈도표에서 문자 E의 상대적 빈도는 몇 퍼센트인가?

 b 100개의 문자가 들어 있는 표본에 약 몇 개의 E가 들어 있을 것이라고
 추측하는가?

 c 1000개의 문자가 들어 있는 표본에 약 몇 개의 E가 들어 있을 것이라고
 추측하는가?

3 조사한 빈도표에서 가장 많이 나타난 것에서 가장 적게 나타난 순으로 문자
 들을 나타내어라.

개인답

4 오른쪽 표는 약 100,000개로 이루어진 문자 표본에서 계산한 영어 문자들의 출현 빈도를 나타낸 것이다. 여러분의 데이터와 표에서의 데이터를 비교해 같은 점과 다른 점을 찾아보아라. 다른 점의 경우 달라진 이유는 무엇인가?

문자	상대적 빈도 (%)
e	12.7
t	9.1
a	8.2
o	7.5
i	7.0
n	6.7
s	6.3
h	6.1
r	6.0
d	4.3
l	4.0
c	2.8
u	2.8
m	2.4
w	2.4
f	2.2
g	2.0
y	2.0
p	1.9
b	1.5
v	1.0
k	0.8
j	0.2
q	0.1
x	0.1
z	0.1

영어에서 문자 출현의 상대적 빈도
H.Beker와 F.Piper 저
〈암호체계: the protection of communications〉
Northwood publications. 런던, 1982

에드거 앨런 포 Challenges

탐정소설을 쓴 최초의 작가로 인정받고 있는 에드거 앨런 포[1809~1849]는 필라델피아 신문에 암호에 대한 기사를 많이 썼다. 암호 전문가는 아니었지만 암호에 관심이 많았던 포는 암호를 대중화시킨 최초의 작가로서, 글을 통해 일반 사람들도 암호에 흥미를 느낄 수 있도록 노력했다. 심지어 독자들에게 대체 암호로 만든 암호문을 만들어 자신에게 보내면 그 암호문을 모두 해독해 보이겠다는 도전을 하기도 했다. 그리고 독자들로부터 수백 통의 암호문을 전달받았다.

포가 빈도분석만으로 전달받은 암호문을 해독해내자 독자들은 매우 놀라워했다. 이로 인해 포는 "지금까지 가장 실력 있는 암호 전문가"라는 평판을 얻기도 했다.

그의 가장 유명한 탐정 소설인 《풍뎅이》역시 암호를 담고 있다. 이 책에서 주인공은 대체 암호로 암호화된 단서를 해독하고 키드 선장이 묻은 보물을 찾아낸다. 포는 이 소설을 투고하여 100달러의 상금을 받았으며, 사람들이 포의 작품에 보다 많은 관심을 갖는 계기가 되었다.

대체 암호 해독하기

"**이**제, 우리는 영어에서의 문자 출현빈도를 알고 있어."댄
이 말했다.

"제니, 내가 만든 암호문을 해독하기 위해 네가 그 정보를 어떻
게 사용했는지 궁금해."댄과 피터는 제니의 설명을 듣기 위해 관
심을 집중했다.

"이것은 내가 구한, 영어에서 문자들의 상대적 출현빈도를 나
타내고 있는 표야."제니가 말했다.

"우리는 네가 다른 사람이 만든 표를 사용했다는 것은 몰랐어."
기운이 빠진 댄의 말에 피터가 두 손을 들어 보이며 말했다.

"우리는 우리 스스로 표를 만들어 계산했거든!"

"오빠들도 같은 결과를 얻었을 것이라고 장담해."제니가 웃으
며 말했다.

"대부분의 표본에서 문자의 출현빈도가 거의 같은 것으로 나왔거든. 그것이 메시지를 해독하기 위해 그 출현빈도를 사용할 수 있는 이유야."

"그럼 이제 네가 어떻게 했는지를 확실히 알려줘." 피터가 말했다.

"먼저 나는 암호문에서 사용한 문자의 출현빈도와 상대적 출현빈도를 구했어." 제니가 설명을 시작했다.

문자	상대적 빈도 (%)
a	8.2
b	1.5
c	2.8
d	4.3
e	12.7
f	2.2
g	2.0
h	6.1
i	7.0
j	0.2
k	0.8
l	4.0
m	2.4
n	6.7
o	7.5
p	1.9
q	0.1
r	6.0
s	6.3
t	9.1
u	2.8
v	1.0
w	2.4
x	0.1
y	2.0
z	0.1

영어에서 문자들의 상대적
출현빈도

문자	빈도	상대적 빈도		
		분수	소수	퍼센트(%)
A	1	1/328	.003	0.3
B	6	6/328	.018	1.8
C	1	1/328	.003	0.3
D	9	9/328	.027	2.7
E	0	0	.000	0.0
F	24	24/328	.073	7.3
G	6	6/328	.018	1.8
H	4	4/328	.012	1.2
I	27	27/328	.082	8.2
J	13	13/328	.040	4.0
K	1	1/328	.003	0.3
L	41	41/328	.125	12.5
M	9	9/328	.027	2.7
N	5	5/328	.015	1.5
O	18	18/328	.055	5.5
P	15	15/328	.046	4.6
Q	24	24/328	.073	7.3
R	37	37/328	.113	11.3
S	12	12/328	.037	3.7
T	18	18/328	.055	5.5
U	0	0	.000	0.0
V	5	5/328	.015	1.5
W	9	9/328	.027	2.7
X	8	8/328	.024	2.4
Y	18	18/328	.055	5.5
Z	17	17/328	.052	5.2
Total	328			

58쪽의 댄의 메시지에서의 문자의 출현빈도

"그런 다음, 출현빈도를 이용해 가장 많이 사용된 것에서 가장 적게 사용된 순으로 메시지의 문자들을 정리했어. 그리고 일반적인 영어의 문자들에 대해서도 아래와 같이 나타냈어."

댄의 메시지에서의 문자			영어에서의 문자	
문자	상대적 빈도 (%)		문자	상대적 빈도 (%)
L	12.5	빈도 높음	e	12.7
R	11.3		t	9.1
I	8.2		a	8.2
F	7.3		o	7.5
Q	7.3		i	7.0
O	5.5		n	6.7
T	5.5		s	6.3
Y	5.5		h	6.1
Z	5.2		r	6.0
P	4.6		d	4.3
J	4.0		l	4.0
S	3.7		c	2.8
D	2.7		u	2.8
M	2.7		m	2.4
W	2.7		w	2.4
X	2.4		f	2.2
B	1.8		g	2.0
G	1.8		y	2.0
N	1.5		p	1.9
V	1.5		b	1.5
H	1.2		v	1.0
A	0.3		k	0.8
C	0.3		j	0.2
K	0.3		q	0.1
E	0.0	빈도 낮음	x	0.1
U	0.0		z	0.1

상대적 빈도 비교하기

"나는 먼저 가장 많이 사용된 문자들을 해독하기로 했어. 그것이 좀 더 빨리 해독하는 방법이라고 생각했거든. 처음 한 추측은 메시지에서 가장 많이 사용된 문자 L이 영어에서 가장 많이 사용하는 문자인 e에 대응된다고 생각한 것이었어. 또 메시지에서 두 번째 많이 사용된 R을 e와 대응시키는 것도 함께 생각해 보았어. 그런데 암호문에는 R로 시작하는 3문자로 구성된 단어들이 많아. 반면에 e로 시작하는 3문자로 구성된 단어들은 거의 없었어. 그래서 R을 e와 대응시키는 것이 적절하지 않다는 결론을 내렸어." 제니는 종이에 직접 써가며 설명을 이어갔다.

"처음에 추측한 대로 메시지에 사용된 모든 L 위에 연필로 e를 썼어. 혹시 바뀔 수도 있을 것 같았거든. 그러니까 아래와 같이 나타났어."

```
  e   e       e       e       e
O L I L   F I L   R O L     J L R F Q W T
          e
Z M   R O L   Z P R J Z Z I   H W P G ' T
                        e
T V Q   R I Q S :   R O L   R B Z - J F D
                      e
R I Q S   R Z   S Q Y L   X Z P Y R F Q Y
            e
B Q W W   G L   T F R P I J F D   F Y J
                    e
T P Y J F D ,   R O L   M Q I T R
  e e   e           e
B L L V L Y J   Q Y   M L G I P F I D
```

"그 다음으로는 **t**에 대해 생각했어. 만일 **t**를 **R**과 대응시키면, 단어 **ROL**은 **t__e**가 돼. 이건 **o**를 **h**와 대응시키면, **ROL**이 **the** 가 되기 때문에 뜻이 통하는 단어야. 그래서 아래와 같이 문자 **R** 과 **O** 위에 각각 **t**와 **h**라고 썼어."

h	e		e				e		t	h	e			e	t					
O	L	I	L		F	I	L		R	O	L		J	L	R	F	Q	W	T	
			t	h	e				t											
Z	M		R	O	L		Z	P	R	J	Z	Z	I		H	W	P	G	'	T
				t						t	h	e		t						
T	V	Q		R	I	Q	S	:		R	O	L		R	B	Z	-	J	F	D
t					t						e						t			
R	I	Q	S		R	Z		S	Q	Y	L		X	Z	P	Y	R	F	Q	Y
						e				t										
B	Q	W	W		G	L		T	F	R	P	I	J	F	D		F	Y	J	
								t	h	e					t					
T	P	Y	J	F	D	,		R	O	L		M	Q	I	T	R				
	e	e		e							e									
B	L	L	V	L	Y	J		Q	Y		M	L	G	I	P	F	I	D		

"내가 대체한 것들을 이렇게 표로 정리해갔어. 첫 번째 행에는 원문에 사용된 문자를 나타내고, 바로 아래 행에는 암호문에 사용된 문자를 나타냈어."

											e			h			t								
A	B	C	D	E	F	G	H	I	J	K	L	M	N	O	P	Q	R	S	T	U	V	W	X	Y	Z

"그 다음으로 메시지에서 또 다른 짧은 단어들을 살펴보았는데 운이 나쁘게도 한 문자로만 구성된 단어는 하나도 없었어. 한 문자로 구성된 단어는 보통 a 또는 I이기 때문에, 매우 좋은 단서가 될 수 있거든. 하지만 2개의 문자로 구성된 단어 **RZ**가 있었어. 앞에서 이미 **R**은 **t**에 대응시켰기 때문에 이 단어가 t＿ 의 꼴임을 알아냈어. 그렇다면 이것은 **to**가 아닐까 라고 생각해 **Z**를 **o**와 대응시켰어. 그런 다음 또 다른 두 문자로 구성된 단어 **ZM**을 발견했어. 만일 **Z**가 **o**이면, **ZM**은 o＿가 돼. 그것은 **on**임에 틀림없다고 생각했어. 그래서 **M**을 **n**과 대응시켜 모두 메시지 위에 썼어.

h	e		e				e		t	h	e			e	t					
O	L	I	L		F	I	L		R	O	L		J	L	R	F	Q	W	T	
o	n		t	h	e		o		t		o	o								
Z	M		R	O	L		Z	P	R	J	Z	Z	I		H	W	P	G	'	T
				t						t	h	e		t		o				
T	V	Q		R	I	Q	S	:		R	O	L		R	B	Z	-	J	F	D
t					t	o					e			o			t			
R	I	Q	S		R	Z		S	Q	Y	L		X	Z	P	Y	R	F	Q	Y
						e				t										
B	Q	W	W		G	L		T	F	R	P	I	J	F	D		F	Y	J	
								t	h	e		n				t				
T	P	Y	J	F	D	,		R	O	L		M	Q	I	T	R				
	e	e		e							n	e								
B	L	L	V	L	Y	J		Q	Y		M	L	G	I	P	F	I	D		

"다시 문자의 출현빈도로 되돌아가서 댄 오빠의 암호문과 영어에서의 문자의 출현빈도를 조사한 표를 살펴봤어. 암호문의 경우 L과 R 다음으로 많이 사용된 문자 중 아직 다른 문자와 대응시키지 않은 문자는 I이고, 영어에서의 문자의 출현빈도를 나타낸 표에서 아직 다른 문자와 대응시키지 못한 영어 문자는 a야. 또 문자 I와 a의 상대적 빈도(8.2%)가 서로 같기까지 해. 그래서 두 문자를 대응시키는 것이 적절해 보여, I에 a를 대응시켰더니 단어 FIL은 _ae가 되었어. 하지만 _ae로 된 단어를 추측하기가 매우 어려웠어. _ae로 된 단어가 평소에 사용하는 익숙한 단어가 아니었거든. 한편 I에 i를 대응시킨 _ie 또한 적절한 단어를 찾을 수가 없었어. 그래서 잠시 I를 건너뛰기로 했어."

"대신 F와 대응되는 단어를 생각해보았어. 암호문에서 F의 상대적 빈도는 7.3%인 반면, 영어에서의 a의 빈도는 8.2%이고, i의 빈도는 7.0%야. 따라서 상대적 빈도가 비슷한 a 또는 i를 F와 대응시키는 것이 적절해 보였어. 그러면 단어 FIL은 a_e 또는 i_e 중 하나가 되는데, a_e가 어쩌면 are일 것이라는 생각이 들었어. 그래서 혹시 F가 a이고 I는 r이 아닐까 추측해봤어. 덕분에 일석이조가 되었지 뭐야. 추측한 대로 메시지에서 문자 위에 대응되는 문자들을 써 넣었어. 그러자 here라는 단어가 되어 내 추측이 옳았다는 확신을 갖게 되었어."

h	e	r	e		a	r	e		t	h	e				e	t	a			
O	L	I	L		F	I	L		R	O	L			J	L	R	F	Q	W	T
o	n		t	h	e		o		t		o	o	r							
Z	M		R	O	L		Z	P	R	J	Z	Z	I		H	W	P	G	'	T
				t	r					t	h	e		t		o			a	
T	V	Q		R	I	Q	S	:		R	O	L		R	B	Z	-	J	F	D
t	r				t	o					e			o			t	a		
R	I	Q	S		R	Z		S	Q	Y	L		X	Z	P	Y	R	F	Q	Y
						e			a	t		r		a			a			
B	Q	W	W		G	L		T	F	R	P	I	J	F	D		F	Y	J	
				a				t	h	e		f		r		t				
T	P	Y	J	F	D	,		R	O	L		M	Q	I	T	R				
	e	e		e							f	e		r		a	r			
B	L	L	V	L	Y	J		Q	Y		M	L	G	I	P	F	I	D		

　

"또 아포스트로피 다음에는 한 문자가 나온다는 점에 주목했어. 그것은 can't 와 don't에서처럼 t가 될 수도 있고, 소유격 뒤에 나오는 's가 될 수도 있어. 그런데 앞에서 이미 t를 R에 대응시켰기 때문에 문자 T에 s를 대응시키기로 했어."

h	e	r	e		a	r	e		t	h	e			e	t	a			s	
O	L	I	L		F	I	L		R	O	L		J	L	R	F	Q	W	T	
o	n		t	h	e		o		t		o	o	r						s	
Z	M		R	O	L		Z	P	R	J	Z	Z	I		H	W	P	G	'	T
s			t	r			t	h	e		t		o			a				
T	V	Q		R	I	Q	S	:		R	O	L		R	B	Z	-	J	F	D
t	r			t	o			e			o		t	a						
R	I	Q̇	S		R	Z		S	Q	Y	L		X	Z	P	Y	R	F	Q	Y
			e		s	a	t		r		a		a							
B	Q	W	W		G	L		T	F	R	P	I	J	F	D		F	Y	J	
s			a			t	h	e		n		r	s	t						
T	P	Y	J	F	D	,		R	O	L		M	Q	I	T	R				
	e	e		e				n		r		a	r							
B	L	L	V	L	Y	J		Q	Y		M	L	G	I	P	F	I	D		

"그리고서 보니 매우 익숙한 단어가 보였어. sat r a 가 그것이야. 아마도 Saturday가 아닐까! 만일 추측이 맞다면, **P**는 **u**가 되어야 하고, **J**는 **d**, **D**는 **y**가 되어야 해. 그래서 다시 대응되는 문자들을 써 넣으면 다음과 같아."

h	e	r	e		a	r	e		t	h	e		d	e	t	a			s	
O	L	I	L		F	I	L		R	O	L		J	L	R	F	Q	W	T	
o	n		t	h	e		o	u	t	d	o	o	r				u		s	
Z	M		R	O	L		Z	P	R	J	Z	Z	I		H	W	P	G	'	T
s			t	r			t	h	e		t		o		d	a	y			
T	V	Q		R	I	Q	S	:		R	O	L		R	B	Z	-	J	F	D
t	r			t	o			e			o	u		t	a					
R	I	Q	S		R	Z		S	Q	Y	L		X	Z	P	Y	R	F	Q	Y
	e		s	a	t	u	r	d	a	y			a		d					
B	Q	W	W		G	L		T	F	R	P	I	J	F	D		F	Y	J	
s	u		d	a	y		t	h	e		n		r	s	t					
T	P	Y	J	F	D	,		R	O	L		M	Q	I	T	R				
	e	e		e		d		n	e		r	u	a	r	y					
B	L	L	V	L	Y	J		Q	Y		M	L	G	I	P	F	I	D		

"그런데 문제가 생겼어. saturday a __d su__day가 Saturday and Sunday 가 되어야 하니까, n이 Y에 대응됨에 틀림없는데……, 하지만 앞에서 ZM을 on이라고 생각하며 n을 M과 이미 대응시켰었거든. 그렇다면 분명히 그것이 잘못되었던 거야. 그래서 ZM은 of가 될 수도 있어 M과 대응시킨 n을 지우고, 대신 M을 f와 대응시키고 Y를 n과 대응시켰어. 고치는 일은 연필을 사용했기 때문에 간단했어."

h	e	r		a	r	e		t	h	e		d	e	t	a			s		
O	L	I	L		F	I	L		R	O	L		J	L	R	F	Q	W	T	
o	f		t	h	e		o	u	t	d	o	o	r			u		s		
Z	M		R	O	L		Z	P	R	J	Z	Z	I		H	W	P	G	'	T
s			t	r			t	h	e		t		o		d	a	y			
T	V	Q		R	I	Q	S	:		R	O	L		R	B	Z	-	J	F	D
t	r			t	o			n	e			o	u	n	t	a		n		
R	I	Q	S		R	Z		S	Q	Y	L		X	Z	P	Y	R	F	Q	Y
			e		s	a	t	u	r	d	a	y		a	n	d				
B	Q	W	W		G	L		T	F	R	P	I	J	F	D		F	Y	J	
s	u	n	d	a	y			t	h	e		f		r	s	t				
T	P	Y	J	F	D	,		R	O	L		M	Q	I	T	R				
	e	e		e	n	d			n		f	e		r	u	a	r	y		
B	L	L	V	L	Y	J		Q	Y		M	L	G	I	P	F	I	D		

"이제 모든 것이 맞아 떨어졌어. Fe_ruary는 문자 b가 빠져 있는 것 같아 G를 b와 대응시켜 February를 만들었어. MQITR 위에 있는 f_rst은 아마도 first일 거야. 그래서 Q를 i로 대응시키고, BLLVLYJ는 weekend가 되어야 할 것 같아 B는 w로, V는 k로 대응시켰어."

h	e	r	e		a	r	e		t	h	e		d	e	t	a	i		s	
O	L	I	L		F	I	L		R	O	L		J	L	R	F	Q	W	T	
o	f		t	h	e		o	u	t	d	o	o	r				u	b	'	s
Z	M		R	O	L		Z	P	R	J	Z	Z	I		H	W	P	G	'	T
s	k	i		t	r	i		:		t	h	e		t	w	o	-	d	a	y
T	V	Q		R	I	Q	S	:		R	O	L		R	B	Z	-	J	F	D
t	r	i			t	o			i	n	e			o	u	n	t	a	i	n
R	I	Q	S		R	Z		S	Q	Y	L		X	Z	P	Y	R	F	Q	Y
w	i				b	e		s	a	t	u	r	d	a	y		a	n	d	
B	Q	W	W		G	L		T	F	R	P	I	J	F	D		F	Y	J	
s	u	n	d	a	y			t	h	e		f	i	r	s	t				
T	P	Y	J	F	D	,		R	O	L		M	Q	I	T	R				
w	e	e	k	e	n	d		i	n		f	e	b	r	u	a	r	y		
B	L	L	V	L	Y	J		Q	Y		M	L	G	I	P	F	I	D		

"여기서 더 이상 문자의 출현빈도를 보지 않더라도, 암호문이 무엇을 말하는지 알 수 있겠더라구. 그래서 **W**에 **l**, **H**에 **c**, **S**에 **p**, **X**에 **m**을 대응시켰어. 그 결과 내가 얻은 메시지가 바로 이 거야!"

h	e	r	e		a	r	e		t	h	e		d	e	t	a	i	l	s	
O	L	I	L		F	I	L		R	O	L		J	L	R	F	Q	W	T	
o	f		t	h	e		o	u	t	d	o	o	r		c	l	u	b		s
Z	M		R	O	L		Z	P	R	J	Z	Z	I		H	W	P	G	'	T
s	k	i		t	r	i	p		t	h	e		t	w	o		d	a	y	
T	V	Q		R	I	Q	S	:	R	O	L		R	B	Z	-	J	F	D	
t	r	i	p		t	o		p	i	n	e		m	o	u	n	t	a	i	n
R	I	Q	S		R	Z		S	Q	Y	L		X	Z	P	Y	R	F	Q	Y
w	i	l	l		b	e		s	a	t	u	r	d	a	y		a	n	d	
B	Q	W	W		G	L		T	F	R	P	I	J	F	D		F	Y	J	
s	u	n	d	a	y		t	h	e		f	i	r	s	t					
T	P	Y	J	F	D	,	R	O	L		M	Q	I	T	R					
w	e	e	k	e	n	d		i	n		f	e	b	r	u	a	r	y		
B	L	L	V	L	Y	J		Q	Y		M	L	G	I	P	F	I	D		

"그리고 아래 표는 내가 해독한 몇 줄의 암호문에서 대체한 문자들을 정리한 것이야."

w	y		a	b	c	r	d		e	f		h	u	i	t	p	s		k	l	m	n	o		
A	B	C	D	E	F	G	H	I	J	K	L	M	N	O	P	Q	R	S	T	U	V	W	X	Y	Z

"이것은 단지 암호문의 처음 몇 줄에 불과하지만, 같은 방법으로 나머지 부분도 계속해서 문자들을 대체했어."

문자의 출현빈도를 통해 제니는 암호문을 해독하면서 몇 가지 유용한 추측을 했다. 다음은 제니가 메시지를 해독하면서 이용한 몇 가지 아이디어를 나타낸 것이다.

- 먼저 가장 많이 사용된 문자들을 대응시킨다. 이것은 해독의 속도를 빨라지게 할 것이다.
- 상대적 빈도를 사용한다. 하지만 문자들이 빈도의 크기 순서에 따라 꼭 그대로 대응된다고 생각하면 안 된다.
- 일단 한 개의 단어를 이루고 있는 몇 개의 문자를 알게 되더라도 뜻이 통하는 단어를 찾게 될 때까지 나머지 다른 것들을 계속 추측한다.
- 낯이 익은 짧은 단어들을 찾는다. 1개의 문자로 이루어진 단어는 보통 a나 I이다. in, of, at, and, the와 같이 2개, 3개의 단어로 이루어진 단어들을 찾는 것도 유용하다.
- 구두점도 도움이 된다. 예를 들어, 아포스트로피(')뒤에 붙는 문자는 어떤 것들이 있을 수 있는가?
- 두 글자가 한 음을 내는 문자들을 찾는다. 이 문자들을 다이그래프 ^{digraphs}(2자 1음)라 한다. 이 문자들 중에 영어에서 가장 많이 나타나는 문자는 TH, HE, IN, ER, ED, AN, ND, AR, RE, EN이 있다. 트라이그래프^{trigraphs}(3자 1음)이라 부르는 세 글자가 한 음을 내는 문자는 THE, AND, ING, HER, THA, ERE, GHT, DTH가 있다.

댄의 메시지를 해독한 여학생들은 남학생들이 스키 여행 정보를 숨기려 했다는 것을 알게 되었다. 매우 화가 난 제니는 지방 라디오 방송국이 서커스 입장권을 주고 있다는 정보를 여학생들에게만 알려주기로 했다. 그래서 친구들에게 알려줄 메시지를 암호화했다.

"남학생들이 내가 쓴 것을 알아내려면 몇 가지 작업을 해야 할 거야."

다음은 제니가 작성한 암호문이다.

Y XTNDQ DNQYS EFNFYSU JKLM
NUUSGUPTQ FXTL JYII WYHT
NJNL VDTT PYDPGE FYPCTFE FS
FXT VYDEF FJTUFL-VYHT ATSAIT
JXS PNII YU. YF ESGUQE IYCT
VGU. ITF'E NII PNII NUQ WS
FSWTFXTD.

제니의 암호문

문제

1 빈도분석을 사용해 제니의 암호문을 해독하여라.

  a 메시지에서 각 문자를 사용한 횟수를 구하고, 상대적 빈도를 계산하여라.

  b 가장 많이 사용된 것에서 가장 적게 사용된 것 순으로 문자들을 배열하
    여라.

해답 312p

c 이제 빈도분석을 사용해 각 문자를 어떤 문자로 대체할 것인지를 정확히 추측하고 암호문을 해독하여라.

2 다음은 빈도분석을 사용해 해독할 또 다른 암호문이다. 암호문에서 문자들의 상대적 빈도는 아래의 오른쪽 표와 같다.

문자	상대적 빈도 (%)
D	11.4
G	9.8
Q	8.3
T	7.8
C	6.7
K	6.7
E	6.2
L	5.7
N	5.7
S	5.2
I	3.6
U	3.6
J	3.1
M	2.6
Y	2.6
A	1.6
B	1.6
H	1.6
R	1.6
W	1.6
O	1.0
Z	1.0
V	0.5
X	0.5
F	0.0
P	0.0

BQGKNJG SDKT CDQ MGVLQETD

BQGKNSLK G CGKNSLJD KDW SCEQT

MLQ CES REQTCNGY. UKMLQTUKGTDIY,

ET CGN G SEZD MLUQTDDK ALIIGQ

GKN TCD RLY CGN G SEZD SEXTDDK

KDAH. CD NUTEMUII'Y WQLTD CDQ,

"NDGQ BQGJJY, TCGKHS CDGOS.E'N

WQETD JLQD RUT E'J GII ACLHDN

UO."

비운의 매리 여왕

여러분이 비밀 메시지를 보내고자 한다면, 신중하게 행동해야 한다. 스코틀랜드의 매리 여왕은 1587년 참수형을 당했다. 그녀가 보낸 메시지가 해독되어 그 내용이 밝혀졌기 때문이다.

가톨릭교도인 매리는 스코틀랜드 여왕이고, 사촌인 엘리자베스는 영국의 여왕으로 개신교도였다. 매리는 스코틀랜드에서 일어난 반란을 피해 보다 안전한 장소를 찾아 피신하기로 했다. 그녀는 사촌인 앨리자베스가 자신을 도와줄 것이라고 믿으며 영국으로 갔지만 그것은 큰 오산이었다. 엘리자베스는 매리가 영국의 여왕 자리를 노린다고 오해해 두려워하고 있었기 때문이다. 더구나 영국 가톨릭교도들은 엘리자베스보다는 매리를 여왕으로 앉혀야 한다고 생각하고 있었다. 그래서 매리가 영국에 도착하자마자, 엘리자베스는 매리를 체포해 무려 18년 동안이나 감옥에 가두어 두었다.

매리를 따르던 가톨릭교도들은 그녀를 감옥에서 탈옥시키고 엘리자베스를 암살한 다음 반란을 선동할 계획을 적은 편지를 그녀에게 보냈다. 매리는 자포자기한 심정으로 그 계획을 승인했지만 그것은 잘못된 판단이었다. 매리는 그다지 복잡하지 않은 암호를 사용해 구체적인 계획을 가톨릭교도들에게 보냈다. 그런데 엘리자베스의 스파이들이 그 메시지를 가로챘고 빈도분석을 활용해 해독에 성공했다. 그런 다음 엘리자베스파 사람들은 속임수로 그 음모에 참여한 사람들의 이름을 묻는 편지를 매리에게 보내어 반란자 명단을 확보할 수 있었다.

이 당시 엘리자베스의 고문들은 매리가 영국 여왕 자리에 앉으려 했다는 엘리자베스의 말을 의심스러워하던 중으로, 더구나 엘리자베스가 증거를 제시하지도 못하던 상황이었다. 그런 그들 앞에 불행하게도 해독된 매리 여왕의 메시지가 제시되었다. 결국 엘리자베스 여왕은 매리 여왕의 사형집행을 승인할 수 있었다.

비즈네르 암호

복합 시저 암호

제니와 아비는 우연히 다락방에서 할아버지의 서류상자를 발견하게 되었다.

"이게 뭐지?" 아비가 서류 한 장을 집어들면서 말했다. "무슨 메시지 같은데, 한 번도 본 적이 없는 말로 쓰여 있어."

"어쩌면 암호로 된 것일지도 몰라!" 제니가 큰 소리로 말했다.

"암호로 만든 이유가 뭘까?" 아비가 고개를 갸우뚱했다. "할아버지가 어떤 비밀 메시지를 보내려고 하신 걸까?"

"그건 아무도 모르지만 어쩌면 중요한 것일 수도 있어."

"조사해 보자."

그들은 자신들이 알고 있는 모든 암호를 적용해 메시지를 풀어 보기 시작했다. 하지만 해독할 수 없었다. 빈도분석조차도 별 효과가 없었다.

"빈도분석을 배울 때는 어떤 것이든지 해독할 수 있을 것이라고 생각했었는데 아니었나 봐." 제니가 실망스런 목소리로 말했다.

"맞아." 아비가 말했다. "암호클럽의 다음 모임에 이것을 가지고 가자. 어쩌면 누군가가 해독할 방법을 내놓을지도 모르잖아."

이미 암호는 학교에서 많은 인기를 얻고 있었다. 그래서 그들은 암호에 대해서 더 많은 것을 배우고 싶어하는 사람들을 위해 클럽을 만들었었다.

A VNNS SGIAV GVDJRJ! WG OOF AB GZS UAZYK
PRZWAV HUW HESRVFU CGGG GB GZS AADVYCA
JWIWF NL HUW BBJHUWFA LWC GT YSYR KICWFVGF.
JZWYW VVCWAY, W SGIAV GBES FZWAQ GGGBRK.
ZNLSE A PEGITZ# GZSZ LC N ESGSZ
RPDRJH GG VNNS GZSZ SDCJOVKSQ. KIEW SAGITZ,
HUWM NJS FAZIWF—VF O IWFL HIEW TBJA.
GZSEW AHKH OW ABJS—V OWYD FRLIEF OAV
GGSYR S QYSWZ.

할아버지의 메시지

제니와 아비는 할아버지의 메시지를 다음 암호클럽 회의에 가지고 갔다.

"얘는 옆집으로 이사온 제시야. 이전 학교에서 몇 가지 암호를 배웠대." 릴라가 신입 회원을 데려와 소개했다.

"잘 왔어, 반가워" 제니가 말했다. "암호를 배웠다니 잘 됐

논의

할아버지의 메시지를 살펴보아라.

- 할아버지의 메시지에는 특별한 문자 패턴이 있다는 제니와 아비의 말이 맞을까?
- 간단한 대체 암호를 사용해 할아버지의 메시지를 암호화할 수 있었다면 그 이유는 무엇인가? 또 그렇지 않다면 그 이유는 무엇인가?

다. 빈도분석을 사용해서 이 암호문을 해독하려고 했는데 잘 되지 않았어. 혹시 네가 알고 있는 것 중에 도움될 게 있을까?"

"빈도분석으로 해독할 수 없는 암호도 있어. 지난 학교에서 비즈네르 암호라는 것을 배웠는데 빈도분석으로 해독할 수 없는 암호 중 하나야. 1804년 루이스와 클라크가 미 서부로 떠날 때, 토머스 제퍼슨 대통령이 자신에게 보내는 비밀 메시지는 그 비즈네르 암호를 사용하도록 했어. 오랫동안 사람들은 그 암호를 해독할 수 없다고 생각했었지."

"그렇다면 우리도 그 암호를 배워야겠지?" 아비가 말했다. "어쩌면 그것이 할아버지의 문서에 사용된 암호일지도 몰라."

"그럴 수도 있어." 제시가 말했다. "1900년대 초에 중요한 용도로 사용되었다고 해."

🔒 비즈네르 암호

비즈네르 암호는 암호문을 작성할 때 여러 시저 암호를 사용한다. 키워드를 구성하고 있는 문자 각각에 대해 다른 시저 암호를 적용하며, 4장의 키워드 암호와도 다르다.

비즈네르 암호를 사용하기 위해서는 먼저 메시지의 각 문자 위에 키워드를 반복해 쓴다. 단, 각 단어 사이의 빈 칸이나 구두점 또는 다른 기호들 위에는 키워드를 쓰지 않는다. 그런 다음 메시지의 각 문자에 그 위에 쓰인 문자를 확인한다. 메시지를 암호화하거나 복호화하기 위해 문자 a에 그 키문자를 대응시킨 시저 암호를 사용하면 된다.

예를 들어, 키워드 **DOG**를 사용해 메시지 "Welcome to the Cryptoclub, Jesse"를 암호화하기 위해서는, 먼저 메시지 위에 키워드를 반복하여 쓴다. 구두점 위나 단어들 사이의 빈 칸에는 아무것도 쓰지 않는다.

Keyword	D	O	G	D	O	G	D		O	G		D	O	G		D	O	G	D	O	G	D	O	G	D		O	G	D	O	G
원문	W	e	l	c	o	m	e		t	o		t	h	e		C	r	y	p	t	o	c	l	u	b	,		J	e	s	s	e
암호문																																

a와 **D**가 대응하는 오른쪽의 **a–D** 원판을 사용해 바로 위에 **D**가 적혀 있는 모든 문자들을 암호화한다. 이 원판을 사용하면 첫 번째 문자 **w**는 **Z**로 암호화된다. 위에 **D**가 적혀 있는 다른 문자들은 다음과 같이 암호화된다.

Keyword	D	O	G	D	O	G	D		O	G		D	O	G		D	O	G	D	O	G	D	O	G	D			O	G	D	O	G
원문	W	e	l	c	o	m	e		t	o		t	h	e		C	r	y	p	t	o	c	l	u	b	,		J	e	s	s	e
암호문	Z		F			H				W		F		S		F			E				,					V				

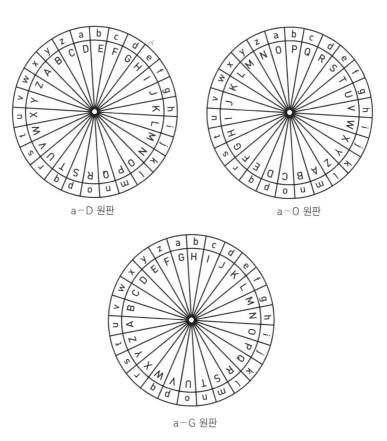

a−D 원판

a−O 원판

a−G 원판

키워드가 DOG인 비즈네르 암호 원판

또 **a**와 **O**가 대응하는 원판(99쪽)을 사용해 위에 **O**가 적혀 있는 모든 문자들을 암호화한다. 이 원판은 **e**를 **S**로 암호화한다.

D	O	G	D	O	G	D		O	G		D	O	G		D	O	G	D	O	G	D	O	G	D		O	G	D	O	G
W	e	l	c	o	m	e		t	o		t	h	e		C	r	y	p	t	o	c	l	u	b	,	J	e	s	s	e
Z	S		F	C		H		H			W	V			F	F		S	H		F	Z		E	,	X		V	G	

마지막으로 **a**와 **G**가 대응하는 원판(99쪽)을 사용해 위에 **G**가 적혀 있는 모든 문자들을 암호화한다. 이 원판은 **l**을 **R**로 암호화하고, 다른 문자들을 아래와 같이 암호화한다.

D	O	G	D	O	G	D		O	G		D	O	G		D	O	G	D	O	G	D	O	G	D		O	G	D	O	G
W	e	l	c	o	m	e		t	o		t	h	e		C	r	y	p	t	o	c	l	u	b	,	J	e	s	s	e
Z	S	R	F	C	S	H		H	U		W	V	K		F	F	E	S	H	U	F	Z	A	E	,	X	K	V	G	K

문제

1 키워드를 DOG로 하는 비즈네르 암호를 사용해 "hidden treasure"를 암호화하여라.

2 키워드를 CAT로 하는 비즈네르 암호를 사용해 메시지 "Meet me tonight at midnight"를 암호화하여라.

해답 313p

제시는 자신을 환영하는 쪽지[note]를 받고 기분이 좋았다. 그래서 같은 키워드인 DOG를 사용해 다음과 같이 답신을 보냈다.

WVGQYY! JZGG HU ES NHFK

"거꾸로 하면 해독할 수 있을 거야." 릴라는 제시가 말을 꺼내자마자 바로 다음과 같은 표를 만들어 해독하기 시작했다.

Keyword 원문	D	O	G	D	O	G		D	O	G	D		O	G		D	O		G	D	O	G
암호문	W	V	G	Q	Y	Y	!	J	Z	G	G		H	U		E	S		N	H	F	K

먼저 첫 번째 암호 원판인 a – D 원판을 사용해 위에 **D**가 적혀 있는 문자들을 해독했다. 그리고 안쪽 원판에 있는 암호문의 문자들에 바깥쪽 원판에 있는 평문의 문자들을 대응시켰다.

D	O	G	D	O	G		D	O	G	D		O	G		D	O		G	D	O	G
t			n			!	g			d					b				e		
W	V	G	Q	Y	Y	!	J	Z	G	G		H	U		E	S		N	H	F	K

또 a – O 원판을 사용해 위에 **O**가 적혀 있는 문자들을 해독했다.

D	O	G	D	O	G		D	O	G	D		O	G		D	O		G	D	O	G
t	h		n	k		!	g	l		d		t			b	e			e	r	
W	V	G	Q	Y	Y	!	J	Z	G	G		H	U		E	S		N	H	F	K

마지막으로, **a – G** 원판을 사용해 메시지의 나머지 부분을 복호화했다.

D	O	G	D	O	G		D	O	G	D		O	G		D	O		G	D	O	G
t	h	a	n	k	s	!	g	l	a	d		t	o		b	e		h	e	r	e
W	V	G	Q	Y	Y	!	J	Z	G	G		H	U		E	S		N	H	F	K

문제

3 키워드 CAT를 사용해 다음의 비즈네르 암호문을 해독하여라.

QK, UWT PJEKG SACLE YE FGEM?

4 키워드 LIE를 갖는 비즈네르 암호를 사용해 다음을 해독하여라.

L TMP KEY BVLDIW PEWNALG ECWYYL

XSM AZZPO ELTTI EPI EZYEP MD

XYEBMYO SY QXD ALZMW.

–마크 트웨인

해답 313p

🔒 비즈네르 표

"원판을 사용하다 보면 종종 문자들이 뒤섞여 헷갈릴 때가 있어." 베키가 말했다. "나는 문자들이 혼란스럽게 배치되어 있는 것이 싫어. 다른 방법이 없을까?"

"나는 원판을 사용하는 것이 좋아." 제시가 말했다. "하지만 비즈네르 표를 사용하는 것을 더 좋아하는 사람들도 있어. 그 방법을 알려줄게. 그런 다음 네가 편리하다고 생각하는 방법을 선택하면 돼." 제시가 노트에 적어가며 설명을 시작했다.

"비즈네르 표의 맨 위 가로줄은 원문의 문자들로 보통 소문자를 사용해서 나타내. 이 원문의 문자들 아래에 26가지의 암호문 문자들이 나열되어 있어. 이 암호문 문자들은 한 줄 내려갈 때마다 한 자씩 뒤로 이동하는 방법으로 배열해. 따라서 1열은 원문의 문자와 같은 글자로 대체되는 암호문 문자들로 되어 있고, 2열은 1칸 뒤로 이동한 시저 암호 문자들, 3열은 2칸 뒤로 이동한 시저 암호 문자들, ……등으로 구성되어 있어."

a	b	c	d	e	f	g	h	i	j	k	l	m	n	o	p	q	r	s	t	u	v	w	x	y	z
A	B	C	D	E	F	G	H	I	J	K	L	M	N	O	P	Q	R	S	T	U	V	W	X	Y	Z
B	C	D	E	F	G	H	I	J	K	L	M	N	O	P	Q	R	S	T	U	V	W	X	Y	Z	A
C	D	E	F	G	H	I	J	K	L	M	N	O	P	Q	R	S	T	U	V	W	X	Y	Z	A	B
D	E	F	G	H	I	J	K	L	M	N	O	P	Q	R	S	T	U	V	W	X	Y	Z	A	B	C
E	F	G	H	I	J	K	L	M	N	O	P	Q	R	S	T	U	V	W	X	Y	Z	A	B	C	D
F	G	H	I	J	K	L	M	N	O	P	Q	R	S	T	U	V	W	X	Y	Z	A	B	C	D	E
G	H	I	J	K	L	M	N	O	P	Q	R	S	T	U	V	W	X	Y	Z	A	B	C	D	E	F
H	I	J	K	L	M	N	O	P	Q	R	S	T	U	V	W	X	Y	Z	A	B	C	D	E	F	G
I	J	K	L	M	N	O	P	Q	R	S	T	U	V	W	X	Y	Z	A	B	C	D	E	F	G	H
J	K	L	M	N	O	P	Q	R	S	T	U	V	W	X	Y	Z	A	B	C	D	E	F	G	H	I
K	L	M	N	O	P	Q	R	S	T	U	V	W	X	Y	Z	A	B	C	D	E	F	G	H	I	J
L	M	N	O	P	Q	R	S	T	U	V	W	X	Y	Z	A	B	C	D	E	F	G	H	I	J	K
M	N	O	P	Q	R	S	T	U	V	W	X	Y	Z	A	B	C	D	E	F	G	H	I	J	K	L
N	O	P	Q	R	S	T	U	V	W	X	Y	Z	A	B	C	D	E	F	G	H	I	J	K	L	M
O	P	Q	R	S	T	U	V	W	X	Y	Z	A	B	C	D	E	F	G	H	I	J	K	L	M	N
P	Q	R	S	T	U	V	W	X	Y	Z	A	B	C	D	E	F	G	H	I	J	K	L	M	N	O
Q	R	S	T	U	V	W	X	Y	Z	A	B	C	D	E	F	G	H	I	J	K	L	M	N	O	P
R	S	T	U	V	W	X	Y	Z	A	B	C	D	E	F	G	H	I	J	K	L	M	N	O	P	Q
S	T	U	V	W	X	Y	Z	A	B	C	D	E	F	G	H	I	J	K	L	M	N	O	P	Q	R
T	U	V	W	X	Y	Z	A	B	C	D	E	F	G	H	I	J	K	L	M	N	O	P	Q	R	S
U	V	W	X	Y	Z	A	B	C	D	E	F	G	H	I	J	K	L	M	N	O	P	Q	R	S	T
V	W	X	Y	Z	A	B	C	D	E	F	G	H	I	J	K	L	M	N	O	P	Q	R	S	T	U
W	X	Y	Z	A	B	C	D	E	F	G	H	I	J	K	L	M	N	O	P	Q	R	S	T	U	V
X	Y	Z	A	B	C	D	E	F	G	H	I	J	K	L	M	N	O	P	Q	R	S	T	U	V	W
Y	Z	A	B	C	D	E	F	G	H	I	J	K	L	M	N	O	P	Q	R	S	T	U	V	W	X
Z	A	B	C	D	E	F	G	H	I	J	K	L	M	N	O	P	Q	R	S	T	U	V	W	X	Y

비즈네르 암호표: D를 이용해 t를 W로 암호화한 것

Tip

문자들을 배열할 때 가로줄 아래에 자나 종이를 대면 편리하다.

비즈네르 암호표를 사용해 암호화, 해독하는 방법

비즈네르 암호표를 사용해 메시지를 암호화하거나 해독하기 위해서는 먼저 암호 원판을 사용했을 때와 마찬가지로 메시지 위에 키워드를 반복하여 쓴다. 메시지의 각 문자 위의 키문자를 찾는다. 그런 다음 그 키문자를 갖는 가로줄을 사용해 암호화 또는 해독한다.

· 암호화하기

암호화할 원문 문자가 있는 맨 위 가로줄에서 시작한다. 원문의 글자가 있는 세로줄과 대응되는 키문자가 들어 있는 가로줄이 교차하는 곳에 있는 문자가 암호문의 글자가 된다.

· 해독하기

해독될 암호문이 있는 가로줄에서 시작한다. 원문의 글자가 들어 있는 세로줄을 따라 올라갈 때 맨 위 가로줄과 교차하는 곳에 위치한 글자가 원문의 글자가 된다.

"예를 들어, 가로줄 D를 사용해 t를 암호화하기 위해서는, 맨 위 가로줄에서 t를 찾은 뒤 가로줄 d와 만나는 곳에 있는 글자인 W까지 따라 내려가면 돼."

제시의 말에 베키가 대답했다. "알겠어. 원문 a는 D로 암호화되고 b는 E 등으로 암호화돼. 비즈네르 암호표의 가로줄 D를 사용하는 것은 a-D 원판을 사용하는 것 같아."

비즈네르 암호표는 앞면지에도 있으니 잘라서 사용해도 된다.

5 암호 원판이 아닌, 키워드가 DOG인 비즈네르 암호표를 사용해, 메시지 "top secret information"을 암호화하여라.

6 키워드를 BLUE로 한 비즈네르 암호표를 사용해 다음 메시지를 해독하여라.

XSCGI XYXIZX HP JIY MTEI CPMX?

7 다음은 마크 트웨인의 말을 암호문으로 만들어놓은 것이다. 암호 원판 또는 비즈네르 암호표 방법을 사용해 해독하여라.

a 키워드: SELF

S TPWKSY HSRYTL FP HGQQTJXLGDI
HNLLZZL LTX GAY FHTCTNEW.

b 키워드: READ

SI CDIIFXC EBRLX RHRHIQX LEDCXH EFSKV.
PSU PRC DLV SF D DMSSIMNW.

8 다음은 마크 트웨인의 말을 암호문으로 만들어놓은 것이다. 암호 원판 또는 비즈네르 암호표 방법을 사용해 해독하여라. 다음 각각의 메시지는 모두 제시된 키워드를 사용해 비즈네르 암호로 작성한 것이다.

a 키워드: CAR

CLNCYJ FO IKGYV. TYKS NKLC IRRVIWA SFOE
GGOGNE RPD RUTFPIJJ TYG RVUT.

b 키워드: TWAIN

BB YWH MALT GAA TZHMD YWH WKN'B
UTRE BB KAMMZUAR IARPHQAZ.

c 키워드: NOT

PCNEOZR WL ESLVGMNBVR HH SSTE,
ATFHXEM HS TXNF-GBH TOGXAQX BT YROK.

9 암호 원판 또는 비즈네르 암호표 방법을 사용해 다음 인용문을 해독하여라.

a 키워드: WISE

DWFIOBQ MO BZI BQJWP KZELBWV EV LLA
JGSG WX AEAVSI

−토머스 제퍼슨

b 키워드: STONE

LAS ZEF PVB VWFCIIK T ABYFMOVR TXUVRK
UM PEJKMVRY TKNC KFOYP KMCAIK

−중국 속담

10 속담이나 격언을 찾아 비즈네르 암호로 암호화하여라. 그것을 사용해 친구
들과 게임을 해도 좋다.

11 도전 문제

수를 사용한 비즈네르 암호를 설명하는 방법을 탐색하여라.

2장에서, 여러분은 수로 이루어진 메시지를 가지고 암호화하기 위해 더하
고, 해독하기 위해 빼는 연산을 통해 시저 암호를 설명했다. 비즈네르 암호
도 연산을 통해 설명할 수 있다. 키워드를 반복하여 쓰는 대신, 키워드의 각
문자를 수로 바꾸어, 그 수를 반복해 써라. 그런 다음 암호화하기 위해 더하
여라.

[예] 메시지 "welcome"은 키워드 DOG를 사용해 다음과 같이 암호화될 수 있다. 먼저 메시지를 수로 바꾸어라. 그 다음으로, DOG를 수로 바꾸어라. 3, 14, 6. 이들 수로 된 키를 메시지의 수 아래에 반복적으로 써라. 그런 다음 0과 25 사이의 같은 수로 25보다 큰 임의의 수로 대체하면서, 더하여라. 수를 다시 문자로 바꾸어라. 이때 원판 방법과 비즈네르 암호표 방법을 적용한 결과가 같음에 유의한다.

평문	w	e	l	c	o	m	e
수	22	4	11	2	14	12	4
키의 수	3	14	6	3	14	6	3
이동된 수(0과 25사이의 수)	25	18	17	5	28₂	18	7
암호문	Z	S	R	F	C	S	H

해답 315p

암호 이어가기

비즈네르 암호로 암호화된 메시지를 사용해 암호문 잇기 게임을 해 보자.

남북전쟁

남군과 북군은 남북전쟁 동안 암호를 사용했다. 남군에게는 안 된 일이지만, 북군은 암호를 매우 잘 활용했다. 아브라함 링컨은 남부연맹의 암호로 된 비밀통신 분석을 위해 20대 초반의 암호 전문가를 3명 뽑았다. 반면 남군에게는 능력 있는 고문들이 없었으며 여러 가지 실수도 했다.

남군이 저지른 실수 중 한 가지는 각 지휘관들이 자기 자신만의 암호를 썼다는 것이다. 이는 적어도 누군가 한 명은 해독이 쉬운 시저 암호를 선택하는 결과를 낳았다. 또한 그들이 비즈네르 암호를 가장 많이 사용한 것이 적절한 선택처럼 보였던 이것 역시 큰 실수였음이 나중에 밝혀졌다. 전송 도중 한 문자라도 빠뜨리면 키워드가 맞지 않아 의미가 통하지 않게 되는 비즈네르 암호이기에 종종 메시지들이 잘못 전송되는 문제가 발생했던 것이다. 또 남군은 전쟁을 치르면서 MANCHESTER BLUFF, COMPLETE VICTORY, COME RETRIBUTION이라는 3개의 키워드만을 주로 사용하는 중대 실수를 범하기도 했다. 이것을 파악한 링컨의 암호 전문가들은 다른 메시지들도 쉽게 해독할 수 있었다.

비즈네르 암호 사용을 위해, 남부연맹군이 사용한 황동으로 만든 암호 원판은 이 책에서 여러분이 살펴본 암호 원판과 매우 비슷한 모양을 하고 있다.

키 길이를 알 때
비즈네르 암호 해독하기

"**어**쩌면 할아버지의 서류는 비즈네르 암호를 사용한 것일
지도 몰라. 하지만 키워드를 모르잖아. 우리가 이 메시지
를 해독할 수 있을까?"제니가 회원들에게 물었다.

"우리 중 누군가가 알고 있는 메시지를 살펴보는 것이 좋겠어."
아비가 말했다.

"좋아. 그게 좋겠어."제시가 의견을 내놓았다. "서로 암호화된
메시지를 보내고, 우리가 해독할 수 있는지 알아보자. 만일 해독
하지 못하면, 서로 사용한 키워드에 대한 단서를 주기로 해."

"좋은 생각이야."제니가 말했다. "비즈네르 암호가 어떻게 적
용되는지에 대해 무언가를 알아낼 수도 있어. 이것은 할아버지가
작성한 암호문을 해독하는 데 분명히 도움이 될 거야. 패턴을 파
악하기 위해 충분히 긴 메시지를 만들어 보자."

남학생들은 힘을 합쳐 여학생들이 해독할 암호문을 작성했고, 여학생들 또한 남학생들이 해독할 암호화된 메시지를 준비했다.

🔓 **남학생들의 메시지 해독하기**

아래는 남학생들이 작성한 암호문이다.

KVX DOGRUXI OM R PHRH-KVBMRZ VFBVVGLZCG

NSGK HH KVX VRZV CY KVX CODV OGU MXCZXU,

"PHRH GLAUVF 99, VFAX SOVB. MHLF MZAX ZG NG."

PNK HAV PHRH WZRG'K FXKIKE. "PHRH GLAUVF 99,"

AV VHCZXISW RUTZB. "KVHNIB MF HAV RHTY

BDAXUWTKSEP CK Z'ZE TVTIUX PCN FJXIHBDS."

"LFAXKVBEU BJ KKFBZ, SCLJ," VBJ OLJWLKOGK

GTZR. "PV CGCM ARJX 75 SCTKG. MYSKV WL EC

GLAUVF 99." MYS FRBTXSK KVHLUAK THI O

FFAXEH. "UFOM EIFSSK 66," YS RVZEVR. "TIS RFI

ARJBEU MICNSZX FIM KVXIS?"

여학생들은 한참 동안 해독해 보았지만 성공하지 못했다.

"이 암호문 해독에 빈도분석은 전혀 소용없어." 릴라가 말했다. "비즈네르 암호문을 작성할 때 몇 개의 서로 다른 원판을 적용하게 되는데, 같은 문자가 원판에 따라 다른 문자로 암호화되기 때문이야."

"그래 맞아, 어떤 문자들이 어떤 암호 원판에 따라 암호화되었는지를 알면 도움이 되는데. 마치 여러 개의 서로 다른 메시지들이 따로따로 해독되는 것 같을 거야."

"우리가 그것을 어떻게 알지?" 아비가 물었다.

"남학생들의 키워드 길이를 알면 어떤 문자들이 어떤 원판에 따라 만들어졌는지를 알아낼 수 있어." 에비에의 말에, 아비가 고개를 갸웃했다. "우리의 키워드 길이는 3이야. 그게 도움이 될까?"

에비에는 연필을 꺼내 암호문의 첫 번째 문자 아래에 수 1을 쓰고, 그 문자로부터 매 세 번째에 놓여 있는 문자마다 1을 썼다.

"1이 적혀 있는 글자들은 첫 번째 암호 원판에 의해 암호화된 문자들이야." 에비에가 말했다. "아직 어떤 종류의 원판을 사용했는지는 알 수 없지만, 아마도 계산할 수는 있을 거야. 이 문자들을 살펴봐야겠어."

"무슨 말인지 알겠어." 아비가 큰 소리로 말하며, 두 번째 문자 아래에 수 2를 쓰고 그 문자로부터 매 세 번째에 놓여 있는 문자

마다 2를 썼다. "2가 쓰여진 글자들은 두 번째 암호 원판에 의해
암호문으로 작성된 것이야. 그 문자들은 내가 살펴볼게."

"그럼 나는 세 번째 원판에 의해 작성된 문자들을 살펴보도록
할게." 제니가 세 번째 문자와 그 문자로부터 매 세 번째에 놓여
있는 문자들 아래에 3을 썼다.

다음은 여학생들이 문자 아래에 수를 써넣은 암호문의 처음 몇
줄을 나타낸 것이다.

```
KVX  DOGRUXI  OM  R  PHRH-KVBMRZ  VFBVVGLZC G
1 2 3  1 2 3 1 2 3 1  2 3   1   2 3 1 2  3 1 2 3 1 2  3 1 2 3 1 2 3 1 2 3

NSGK  HH  KVX  VRZV  CY  KVX  CODV  OGU  MXCZXU,
1 2 3 1  2 3  1 2 3  1 2 3 1  2 3  1 2 3  1 2 3 1  2 3 1  2 3 1 2 3 1

"PHRH  GLAUVF  99,  VFAX  SOVB.  MHLF  MZAX  ZG  NG."
 2 3 1 2   3 1 2 3 1 2       3 1 2 3  1 2 3 1   2 3 1 2  3 1 2 3  1 2  3 1

PNK  HAV  PHRH  WZRG'K  FXKIKE.  "PHRH  GLAUVF  99,"
2 3 1  2 3 1  2 3 1 2  3 1 2 3 1   2 3 1 2 3 1    2 3 1 2   3 1 2 3 1 2
```

에비에는 아래에 1이 적혀 있는 문자들만 모아 다음과 같이 다
시 써 내려갔다.

"이 문자들은 모두 같은 원판에 따라 암호화된 것이야. 이것은 하나의 시저 암호를 해독하는 것과 같아. 많은 대체 암호들을 해독하는 것보다 더 간단해. 한 문자만 알아내면 암호 원판을 어떻게 회전시켜야 하는지를 알게 될 거야." 에비에가 계속 말을 이어나갔다.

"재배열한 이 문자 목록에서 어떤 문자가 가장 많이 나타나는지 알아보자. 세어 보고 싶은 사람?"

그들은 목록에 있는 각 문자의 수를 세

A		N	I
B	I	O	
C	IIII	P	II
D	III	Q	
E	IIII II	R	IIII III
F	IIII IIII	S	IIII I
G	I	T	II
H		U	III
I	IIII IIII	V	IIII IIII I
J	IIII	W	
K	IIII IIII II	X	I
L	IIII I	Y	III
M		Z	IIII II

어 115쪽의 표를 만들고, 베키가 목록을 보고 문자를 읽을 때마다 에비에가 표에 계수 표시를 했다.

"이 문자 목록에는 V와 K가 가장 많이 나타났어. 아마도 V나 K중 어느 하나가 e를 암호화한 것일 거야. e가 영어에서 가장 많이 사용되는 문자거든. 그래서 말인데 첫 번째 암호 원판은 e가 V에 대응하도록 회전시키는 게 어때? 만일 맞지 않으면, e를 K에 대응해서 다시 시도해 보자."

e가 V에 대응하도록 원판을 회전시킨 결과 오른쪽 그림의 a-R 원판이 만들어졌다.

그러자 여학생들은 암호문의 1이 적혀 있는 각 문자들을 이 원판에 따라 대응하는 문자들로 대체했다.

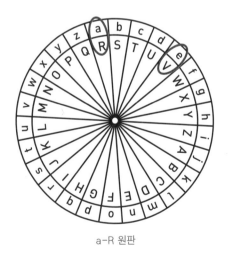

a-R 원판

다음은 암호문의 처음 몇 줄에서 대체시킨 것을 나타낸 것이다.

KVX DOGRUXI OM R PHRH-KVBMRZ VFBVVGLZC G
1 2 3 1 2 3 1 2 3 1 2 3 1 2 3 1 2 3 1 2 3 1 2 3 1 2 3 1 2 3 1 2 3

NSGK HH KVX VRZV CY KVX CODV OGU MXCZXU,
1 2 3 1 2 3 1 2 3 1 2 3 1 2 3 1 2 3 1 2 3 1 2 3 1 2 3 1 2 3 1

"PHRH GLAUVF 99, VFAX SOVB. MHLF MZAX ZG NG."
2 3 1 2 3 1 2 3 1 2   3 1 2 3 1 2 3 1   2 3 1 2 3 1 2 3 1 2 3 1

PNK HAV PHRH WZRG'K FXKIKE. "PHRH GLAUVF 99,"
2 3 1 2 3 1 2 3 1 2 3 1 2 3 1 2 3 1 2 3 1 2 3 1 2 3 1 2 3 1 2

A	Ж Ⅲ	N	
B	Ж I	O	Ж Ⅱ
C	Ж Ⅲ	P	Ж
D		Q	
E		R	Ж
F	Ж	S	Ж Ж
G	Ⅲ	T	I
H	Ж Ж	U	Ж I
I	Ⅲ	V	Ж Ⅲ
J	Ⅲ	W	Ⅲ
K	I	X	
L		Y	I
M	Ⅲ	Z	Ж I

"암호문에서 두 번째 원판을 사용하는 문자들은 내가 조사할게. 그 문자들은 모두 아래에 2가 적혀 있는 것들이야."

아비가 2가 적혀 있는 문자들을 소리내어 읽으면 릴라가 계수 표시를 해 왼쪽의 표를 만들었다.

"2가 적혀 있는 문자들 중에는 S가 가장 많이 나타난 문자이고, H가 두 번째로 많이 나타난 문자야. 추측컨대 두 번째 원판의 S가 e에 대응되는 것 같아. H가 e에 대응될 수도 있지만, 그것은 추측한 것이 맞지 않을 때 시도해 볼 거야."

아비는 **S**가 **e**와 대응하도록 암호
원판을 회전시켜 오른쪽 그림의
a - O 원판을 만들었다.

그런 다음 이 원판을 사용해 2
가 적혀 있는 문자들을 아래와
같이 해독했다.

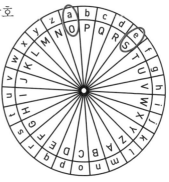

a-O 암호 원판

```
   th   ma  ag ra    a  b  at   en  es  io
  KVX  DOGRUXI OM R  PHRH-KVBMRZ VFBVVGLZC G
  123   123123 1  23 1  231231231 2  31231123123

   we  t  t   th   ed e  o   th   la  ea dy  ll d
  NSGK HH KVX VRZV CY KVX  CODV  OGU  MXCZXU,
  1231 23 123 1231 23 123  1231  123  231231

   b  at um er      om  ba k  yu  r  im  is  p
 "PHRH GLAUVF 99, VFAX SOVB. MHLF MZAX ZG NG."
  2312  312312    3123 1231  2312 3123 12 31
```

"나는 세 번째 원판에 따라 암호화된 문
자들을 알아볼게. 빈도분석을 하지
않아도 될 것 같아. 보다 간편하게
할 수 있는 패턴을 알아냈거든"
제니가 말했다.

"우리가 지금까지 해독한 부
분을 살펴보면 첫 번째 단어 **KVX**

a-T 암호 원판

는 **th**＿로 해독이 돼. 그런데 3개의 문자로 이루어진 단어 중 th
로 시작하는 단어는 그리 많지 않아. 내 생각에 이 단어는 **the**야.
그것은 곧 **X**가 **e**로 해독되어야 한다는 것을 의미하니 원판에서
X에 **e**가 대응되도록 원판을 회전시켜볼게. 이것봐, **a－T** 원판이
만들어졌어."

제니는 이 원판에 따라 아래에 3이 적혀 있는 문자들을 대체하
기 시작했다. "이것 봐. 뜻이 통하는 말들이 만들어지고 있어. 그
렇다면 우리가 옳게 대체하고 있는 것이 틀림없어."

결국 여학생들은 남학생들의 암호문을 정확하게 해독해냈다.

해독된 메시지 전체

```
the  manager  at  a  boat-rental  concession
KVX  DOGRUX!  OM  R  PHRH-KVBMRZ  VFBVVGLZC G
1 2 3   1 2 3 1 2 3 1   2 3   1   2 3 1 2   3 1 2 3 1 2   3 1 2 3 1 2 3 1 2 3

went  to  the  edge  of  the  lake  and  yelled,
NSGK  HH  KVX  VRZV  CY  KVX  CODV  OGU  MXCZXU,
1 2 3 1   2 3   1 2 3   1 2 3 1   2 3   1 2 3   1 2 3 1   2 3 1   2 3 1 2 3 1

"boat  number  99,  come  back.  your  time  is  up."
"PHRH  GLAUVF  99,  VFAX  SOVB.  MHLF  MZAX  ZG  NG."
2 3 1 2   3 1 2 3 1 2   99,   3 1 2 3   1 2 3 1.   2 3 1 2   3 1 2 3   2 3   1 2.

but  the  boat  didn't  return.  "boat  number  99,"
PNK  HAV  PHRH  WZRG'K  FXKIKE.  "PHRH  GLAUVF  99,"
2 3 1   2 3 1   2 3 1 2   3 1 2 3 1   2 3 1 2 3 1.   2 3 1 2   3 1 2 3 1 2

he  hollered  again.  "return  to  the  dock
AV  VHCZXISW  RUTZB.  "KVHNIB  MF  HAV  RHTY
3 1   2 3 1 2 3 1 2 3   1 2 3 1 2.   3 1 2 3 1 2   3 1   2 3 1   2 3 1 2

immediately  or  i'll  charge  you  overtime."
BDAXU WTKSEP  CK  Z'ZE  TVTIUX  PCN  FJXIHBDS."
3 1 2 3 1 2 3 1 2 3 1   2 3   1 2 3   1 2 3 1 2 3   1 2 3   1 2 3 1 2 3 1 2
```

```
"something is wrong, boss," his assistant
"LFAXKVBEU BJ KKFBZ, SCLJ," VBJ OLJWLKOGK
 312312312   31  23123   1231   231  23123123 1


said. "we only have 75 boats. there is no
GTZR. "PV CGCM ARJX 75 SCTKG. MYSKG WL EC
 2312   31  2312  3123    12312   31231  23  12


number 99." the manager thought for a
GLAUVF 99." MYS FRBTXSK KVHLUAK THI O
 312312      312  3123123   1231231  231  2


moment. "boat number 66," he yelled. "are you
FFAXEH. "UFOM EIFSSK 66," YS RVZEVR. "TIS RFI
 312312    3123  123123      12  312312    312  312


having trouble out there?"
ARJBEU MICNSZX FIM KVXIS?"
 312312  3123123  123  12312
```

"오빠들이 사용한 3개의 원판은 **a−R** 원판, **a−O** 원판, **a−T**
원판이었어. 그 원판을 보고 오빠들이 만든 암호문의 키워드가
ROT라는 것을 알 수 있었지만 추측해내지는 못했어."

🔓 **여학생들의 암호문 해독하기**
"키워드의 길이만 알고도 우린
너희의 암호문을 해독해냈어." 제
시가 말했다.
"잘했어. 이제 우리가 너희의 암
호문을 해독할 수 있는지를 알아보자."

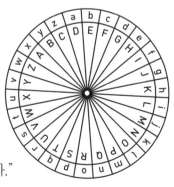

a−D 암호 원판

"좋아." 아비가 말했다. "자, 여기 있어. 키의 길이는 4야. 행운을 빌어."

남학생들은 암호문의 각 글자들이 어떤 원판에 따라 만들어졌는지를 알기 위해 먼저 암호문의 각 글자 아래에 수를 쓰기 시작했다.

남학생들은 첫 번째 암호 원판에 따라 암호화된 글자들 중에서는 **H**가 가장 많이 사용되었다는 것을 알아냈다. 그래서 e와 **H**가 대응하도록 원판을 회전시켜 **a−D** 원판을 만들었다. 그들은 이 원판을 사용해 아래에 1이 적혀 있는 문자들을 해독했다. 이것은 키워드의 첫 번째 문자가 **D**라는 것을 의미했다.

```
      t       e         a       t        o        m
WP QVH    EMW  D    TUXWTQ    FRG    ZEPMP
1 2 3 4    2 3 4    1    2 3 4 1 2    4 1 2    3 4 1 2 3

      e       .    t       i        y         t
NHAEI .    WPQ    FLO    NSBA    UR    WPQ
4 1 2 3 4    1 2 3    4 1 2    3 4 1 2    3 4    1 2 3

      e       b       o         o        a       y         s
RHQSLEWDLRWP    GRVEXDVFPB    BQEVMP
4 1 2 3 4 1 2 3 4 1 2 3    4 1 2 3 4 1 2 3 4 1    2 3 4 1 2 3

      i .       m       m         h        f        e         m
LLU .    ESPMFMPME    XKMK    SINQVHL    TMP
4 1 2    3 4 1 2 3 4 1 2 3    4 1 2 3    4 1 2 3 4 1 2    3 4 1

            o         b        e           n        e        d
I    OLRQOI    EMFAHMZ    E    QQOOHT    MRG    I
2    3 4 1 2 3 4    1 2 3 4 1 2 3    4    1 2 3 4 1 2    3 4 1    2

            m       .       s          l         s          k
PMPM .    VIVAQ    EOEMCV    BASN    BTI
3 4 1 2    3 4 1 2 3    4 1 2 3 4 1    2 3 4 1    2 3 4
```

메시지 전체

```
   n     e   -   t       l   ,       w
QQOOHT - MJWMD   EOT,    UX   ZIE
1 2 3 4 1 2   3 4 1 2 3   4 1 2    3 4   1 2 3


   i       r  .       b       o       a       e
FLOSI U .   BTI   EQS   FRGE   PDCSLHL
4 1 2 3 4 1     2 3 4   1 2 3   4 1 2 3   4 1 2 3 4 1 2


     d       g       .  o       a           t
MRG   TMYJPQH  .  RVQ   HDG   MJWMD
3 4 1   2 3 4 1 2 3 4     1 2 3   4 1 2   3 4 1 2 3


   e       g       b       h       c     ,   h
NHAEI   JZMFEMP   XKM   ZMFSQP ,   KQE
4 1 2 3 4   1 2 3 4 1 2 3   4 1 2   3 4 1 2 3 4   1 2 3


   a       r       k       a       e       s           ,
JDBTIU   BASN   PUQ   DAUHH   IZH   VIUH ,
4 1 2 3 4 1   2 3 4 1   2 3 4   1 2 3 4 1   2 3 4   1 2 3 4


  " j     e  ,       s       y       e       i
" MMEWH ,   BTSVM   NSBA   MVH   UMOLVS
1 2 3 4 1     2 3 4 1 2   3 4 1 2   3 4 1   2 3 4 1 2 3


   u       y     .   h       h       y
JXV   AJ   BWG  .   XKMK   XKQZO   BWG
4 1 2   3 4   1 2 3     4 1 2 3   4 1 2 3 4   1 2 3


    o   '       n       h       m       w       h
HRV 'F   OQWI   XKM   PMPM   UW   ZWDXK
4 1 2   3   4 1 2 3   4 1 2   3 4 1 2   3 4   1 2 3 4 1


     e       n       n       e   . "       s
UAVH   BTEQ   BTI   QQOOHT . "   VIVAQ
2 3 4 1   2 3 4 1   2 3 4   1 2 3 4 1 2       3 4 1 2 3


   r       e       d       d  ,   "       ' t           r
KUQZRHL   MRG   AMMG ,   " LAR'W   EAVUG
4 1 2 3 4 1 2   3 4 1   2 3 4 1       2 3 4   1   2 3 4 1 2


    d  .       ' o       i       s       t
PEG .   Q WRRE   ILLKT   MV   EAVWP
3 4 1     2   3 4 1 2   3 4 1 2 3   4 1   2 3 4 1 2


   r     .       t           t       t       i   ,
YSUM .   NYW   QR  M   WWAO   WPQ   HLUQ ,
3 4 1 2     3 4 1   2 3   4   1 2 3 4   1 2 3   4 1 2 3


   h       o       s       d       g     .       o
XKMK   ARCXH   VBAT   GWURJ   QF .   WR
4 1 2 3   4 1 2 3 4   1 2 3 4   1 2 3 4 1   2 3     4 1


     i   '       o       c       t       o       r  . "
NMV   L'DQ   GRTXIFBQH   WMZ   HRTXEUA . "
2 3 4   1   2 3   4 1 2 3 4 1 2 3 4   1 2 3   4 1 2 3 4 1 2
```

다음으로는 아래에 2가 적혀 있는 글자들을 조사해 아래와 같은 표를 만들었다.

여학생들의 암호문에서 아래에 2가 적혀 있는 문자들의 빈도

♥ 수업활동

여학생들의 암호문 해독 마무리하기 해답: 315쪽

(여러분은 혼자서도 아래의 활동을 할 수 있다. 단, 이때는 문자의 수를 세는 데 시간이 더 걸릴 것이다.)

1. 첫 번째 원판

첫 번째 원판에 따라 암호화된 문자들은 이미 해독되어 있다. a와 대응되는 문자는 어떤 것인가?

2. 두 번째 원판

a 위의 표를 이용해 두 번째 원판을 어떻게 회전시켜야 할지를 알아보아라. 그런 다음 여러분에게 주어진 암호문에서 아래에 2가 적혀 있는 문자들을 해독하여라.

b 여러분은 어떤 문자를 a와 대응시켰는가?

3. 세 번째 원판

a 아래에 3이 적혀 있는 문자들 중에서 A, B, C, ……의 개수를 구하여라. 수고를 덜기 위해, 여러분에게 할당된 암호문에서 만 문자의 수를 세어라. 그런 다음 여러분이 조사한 것을 친구들에게 알려주어 전체 데이터를 만들어라.

b 3a에서의 전체 자료를 사용해 세 번째 원판을 얼마나 회전시켜야 하는지를 알아보아라. 그런 다음 여러분에게 할당된 암호문에서 아래에 3이 적혀 있는 문자들을 해독하여라.

c 여러분은 어떤 문자를 a와 대응시켰는가?

4. 네 번째 원판

a 이미 해독된 일부 암호문을 사용해 아래에 4가 적혀 있는 글자들 중 하나를 어떻게 해독할지를 추측해 보아라. 이것을 사용해 네 번째 원판이 어떤 것인지를 알아본 다음, 여러분 모둠에 할당된 암호문의 나머지를 해독하여라.

b 여러분의 모둠에서는 어떤 문자를 a와 대응시켰는가?

5. 키워드는 무엇인가?

루이스와 클라크

1803년, 토머스 제퍼슨 대통령은 육군 대위 메리웨더 루이스와 중위 윌리엄 클라크를 미 서부로 보내 그 지역을 탐사하고 정보를 보내도록 했다. 그런데 그 탐험대를 달갑지 않게 여기는 국가들이 있었다. 당시 서부 지역의 소유권이 아직 정해지지 않아 영국, 스페인, 미국이 그 지역을 확보하려고 다투던 중이었기 때문이다. 사실 스페인은 루이스와 클라크의 탐험을 제지하려고 했지만 그들을 잡지는 못했다.

제퍼슨은 루이스와 클라크가 잡힐 경우 수집한 정보를 잃게 될 것을 우려하여 바로바로 보고서를 보내도록 했다. 원주민과 모피 상인들이 전달한 이 보고서는 다른 나라에는 비밀로 하기 위해 암호문으로 작성되어 있었다. 제퍼슨이 이때 사용한 암호는 비즈네르 암호로, 그들에게 그에 관한 설명을 적어 보냈다. 루이스와 클라크가 그 암호를 실제로 사용했다는 증거는 없다. 하지만 제퍼슨 대통령이 키워드를 ARTRICHOKE로 하여 작성한 간단한 암호문이 현재 남아 있다.

인수분해하기

"제시, 이전 학교에서 비즈네르 암호에 대해서 배웠다면 할 아버지의 메시지를 해독할 수 있는 방법에 대해 뭐 해줄 말 없니?" 아비가 물었다.

"전 학교에서 몇 개의 비즈네르 암호문을 해독해 보기는 했지 만 꽤 오래 전 일이라 다 기억나지는 않아." 제시가 기억을 떠올 리며 말했다. "하지만 그 암호문들에서 패턴을 조사할 때 몇몇 수 들의 공약수가 패턴과 관계가 있다는 것을 알아냈어. 키 길이를 알려고 할 때 그 공약수가 도움이 되었거든."

"그렇다면 우리도 인수분해를 잘 알아야겠구나." 제니가 말했다.

"좋은 생각이야." 아비가 고개를 끄덕였다. "그래야 우리가 암 호문을 다시 살펴볼 준비를 갖춘 셈이 되는 거겠지."

어떤 수의 약수factors 는 곱해서 그 수가 되는 정수를 말한다. 예를 들어, 3과 4는 12의 약수이다. 그것은 3×4＝12이기 때문이다. 12의 다른 약수로는 1, 2, 6, 12가 있다.

어떤 수의 배수_{multiples}는 그 수에 정수를 곱해서 얻은 수를 말한다. 3의 배수는 3, 6, 9, 12, …이 있다. 어떤 수에 대해, 이 수는 각 약수의 배수이다.

소수는 1과 자기 자신만을 약수로 갖는 수를 말한다. 처음 몇 개의 소수로는 2, 3, 5, 7, 11이 있다. 2개 이상의 약수를 갖는 수는 합성수라 한다. 처음 몇 개의 합성수로는 4, 6, 8, 9, 10이 있다. 1은 소수도 합성수도 아닌 특별한 수이다.

어떤 수를 인수분해한다는 것은 자신의 약수들의 곱으로 나타내는 것을 뜻한다. 인수분해 방법은 보통 한 가지 이상이 있다. 이를테면 8×9, 36×2는 모두 72를 인수분해한 것이다. 그러나 어떤 수를 소인수들로 인수분해하는 방법은 오직 한 가지밖에 없다. 여기서 소인수는 약수 중에서 소수인 것을 말하는 것으로 어떤 수를 소인수들만의 곱으로 나타내는 것을 소인수분해_{Prime factorization}라 한다.

어떤 수를 소인수분해하기 위해서는, 먼저 한 가지 인수분해로 시작한 다음, 소수가 아닌 수들을 계속해 인수분해한다. 소인수분해할 때 인수분해 수형도_{factor tree}를 사용하면 그 과정을 살펴볼 수 있다. 예를 들어 72를 소인수분해해 보자. 먼저 72를 두 개의 인수로 분해한

72
2   36

다음, 소수인 약수에는 동그라미를 그려 표시한다.

동그라미 표시를 하지 않은 수는 다시 2개의 인수로 분해한다. 36을 인수분해하는 한 가지 방법은 12×3으로 나누고 3이 소수임을 보이기 위해 동그라미 표시를 한다.

다시 소수가 아닌 수를 인수분해한다. 12를 인수분해하는 한 방법인 4×3으로 인수분해하고 3이 소수이므로 동그라미 표시를 한다.

마지막으로 4를 2×2로 인수분해하고 두 개의 2에 모두 동그라미 표시를 한다.

72의 소인수분해는 수형도에서 동그라미 안 수들의 곱으로 나타낸 것이다. 즉 72＝2×2×2×3×3이다.

다음은 72의 또 다른 인수분해 수형도이다. 그 과정은 다르지만 소인수분해하는 방법은 같다.

"72와 같은 수는 쉽게 인수분해할 수 있어." 베키가 말했다. "72가 8×9임을 이미 알고 있기 때문이지. 하지만 1350과 같은 큰 수의 경우에는 어떻게 시작하지? 또 어떤 수가 약수인가를 어떻게 알지?"

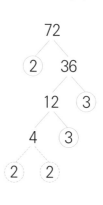

이것은 수들이 다른 수들로 언제 나누어떨어지는지를 알면 도

움이 된다. 나누어떨어지는지를 쉽게 확인하고 싶다면 계산기를 사용해 나누어 보는 것이다. 이를테면, 299÷23의 값이 정수 13이고 나머지가 없으므로 299는 23으로 나누어떨어진다.

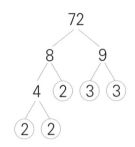

"어떤 수가 다른 수로 나누어떨어지는 나눗셈 패턴에 대해 언젠가 배운 것이 기억나." 에비에가 말했다.

"이들 패턴을 이용하면 계산기를 사용하지 않고도 나누어떨어지는지를 알 수 있어. 네가 가지고 있는 수가 어떤 수들로 나누어떨어지는지를 알게 되면, 너는 이미 그 수의 약수들을 알고 있는 셈이야. 나누어떨어지는 수들에 대한 나눗셈 규칙을 정리해 보자."

그들은 다음과 같이 정리했다.

"이 나눗셈 규칙은 우리가 인수분해하는 데 도움이 될 거야." 에비에가 말했다.

나눗셈 규칙 Rules for divisibility

- 일의 자리 수가 0, 2, 4, 6, 8인 수는 2로 나누어떨어진다.
  예: 148은 2로 나누어떨어지지만, 147은 나누어떨어지지 않는다.

- 어떤 수의 각 자리의 합이 3으로 나누어떨어지면 그 수는 3으로 나누어떨어진다.
  예: 93은 3으로 나누어떨어진다. 그것은 9 + 3 = 12이고, 12가 3 으로 나누어떨어지기 때문이다.
  그러나 94는 3으로 나누어떨어지지 않는다. 그것은 9 + 4 = 13이 고, 13이 3으로 나누어떨어지지 않기 때문이다.

- 어떤 수의 마지막 두 자리의 수가 4로 나누어떨어지면, 그 수는 4 로 나누어떨어진다.
  예: 13,548은 4로 나누어떨어진다. 그것은 48이 4로 나누어떨어 지기 때문이다. 그러나 13,510은 4로 나누어떨어지지 않는 다. 그것은 10이 4로 나누어떨어지지 않기 때문이다.

- 일의 자리의 수가 0 또는 5이면, 그 수는 5로 나누어떨어진다.
  예: 140과 145는 모두 5로 나누어떨어지지만, 146은 5로 나누 어떨어지지 않는다.

- 2로도 나누어떨어지고 3으로도 나누어떨어지면 그 수는 6으로 나누어떨어진다.
  예: 2358은 6으로 나누어떨어진다. 그것은 일의 자리의 수가 8이 므로 2로 나누어떨어지고, 각 자리의 합이 2 + 3 + 5 + 8 = 18 로 3으로 나누어떨어지므로, 이 수는 3으로도 나누어떨어지 기 때문이다.

- 각 자리의 합이 9로 나누어떨어지면, 그 수는 9로 나누어떨어 진다.

예: 387은 9로 나누어떨어진다. 그것은 3+8+7=18이 9로 나
누어떨어지기 때문이다.

· 일의 자리의 수가 0이면 그 수는 10으로 나누어떨어진다.
예: 90과 12,480은 모두 10으로 나누어떨어지지만, 105는 10
으로 나누어떨어지지 않는다.

"좋아, 이제 준비됐어," 베키가 말했다.
"1350과 같은 큰 수를 인수분해해 보자. 어
떻게 시작하지?"

"1350이 10으로 나누어떨어진다는 것은 바로 알 수 있잖아. 그
러니 10이 들어가는 인수분해 수형도를 만들어 보자." 에비에의
말에 모두 머리를 맞댔다.

"10은 5×2로 인수분해되고, 135는 5
로 나누어떨어져. 그래서 135를 5로 나
누어본 결과 5와 27이 약수라는 것을 알
게 되었어. 그래서 아래와 같이 나타내고
소수 5, 2, 5에 동그라미를 쳤어."

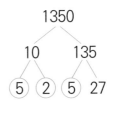

"그 다음에는 27을 3×9로 인수분해하고, 또 9는 3×3으로 인
수분해했어. 인수분해가 다 끝나면 모든 소수에 동그라미를 쳤어."

"이제, 1350을 소인수분해하려면 동그라미를 친 수들을 모두 곱하면 돼."

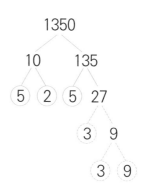

$$1350 = 5 \times 2 \times 5 \times 3 \times 3 \times 3$$

"소수들을 점점 커지는 순서로 쓰면 읽기가 더 쉬워."

$$1350 = 2 \times 3 \times 3 \times 3 \times 5 \times 5$$

만일 한 소인수분해에서 같은 소수가 여러 번 나타나면, 지수를 사용해 나타내면 편리하다. 지수는 밑을 몇 번 곱하는지를 말한다. 만약 밑이 3이면,

$$3^1 = 3$$
$$3^2 = 3 \times 3$$
$$3^3 = 3 \times 3 \times 3$$
$$3^4 = 3 \times 3 \times 3 \times 3$$
$$3^5 = 3 \times 3 \times 3 \times 3 \times 3$$

등.

지수를 사용해 1350을 소인수분해하면 다음과 같다.

$$1350 = 2 \times 3^3 \times 5^2$$

"내가 큰 수를 제시할 테니 소인수분해해 봐. 1404, 어때?"에 비에가 베키에게 말했다.

"좋아. 마지막 두 자리의 숫자가 04이니까 이것은 4로 나누어떨어져. 그래서 4를 사용해 인수분해 수형도를 시작할 거야."베키가 대답했다.

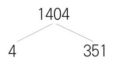

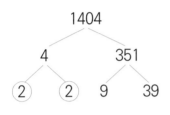

"4는 2×2로 인수분해되고, 2개의 2가 소수이니까 동그라미를 쳤어. 351은 각 자리의 합이 $3+5+1=9$이므로 9로 나누어떨어져. 따라서 351을 9로 나누었더니 39가 되었어. 그렇다면 351은 9×39로 인수분해돼."

"다시 9는 3×3으로 인수분해돼, 2개의 3이 소수이므로 동그라미를 쳤어. 그리고 39는 각 자리의 숫자의 합이 $3+9=12$로 3으로 나누어떨어지므로 39가 3으로 나누어떨어진다는 것을 알고 있어. 그래서 39를 3으로 나누었더니 13이 되었어. 이 수

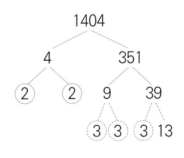

들을 사용해 그림과 같이 수형도를 나타내었는데, 이 수들이 모두 소수이므로 더 이상 수형도를 그릴 필요가 없어. 따라서 이

들 모든 소수를 곱하여 1404를 소인수분해하면 다음과 같아."

$$1404 = 2^2 \times 3^3 \times 13$$

두 개 이상의 정수의 공약수는 그 수들에 공통되는 약수를 말한다. 예를 들어, 3은 6, 9, 15의 공약수이다.

공약수를 찾기 위해서는 먼저 각 수의 약수들을 나열한 다음, 동시에 들어 있는 수들을 찾으면 된다. 이 방법은 약수의 개수가 적을 때 유용하다. 예를 들어, 12와 30의 모든 공약수를 찾기 위해, 두 수의 약수들을 나열하면 다음과 같다.

12의 약수: **1**, **2**, **3**, 4, **6**, 12

30의 약수: **1**, **2**, **3**, 5, **6**, 10, 15, 30

이때 굵게 표시된 수들이 바로 공약수이다. 공약수 중 가장 큰 수인 최대공약수는 6이다.

공약수를 찾는 또 다른 방법은 각 수를 소인수분해한 다음, 공통으로 들어 있는 소인수들을 곱하면 된다. 12와 30의 경우는 다음과 같다.

12의 소인수분해: **2** × 2 × **3**

30의 소인수분해: **2** × **3** × 5

두 소인수분해를 살펴보면 2와 3이 공통으로 들어 있다. 이때 공약수는 공통으로 들어 있는 소인수들을 곱한 것으로, 1, 2, 3, 6 이며, 최대공약수는 2 × 3 = 6이다.

이와 같이 소인수분해를 이용하면 모든 약수를 나열하여 공약수를 찾는 방법보다 더 빨리 공약수를 구할 수 있다. 또 다른 예를 보자.

140의 소인수분해: $\mathbf{2} \times \mathbf{2} \times \mathbf{5} \times 7$

60의 소인수분해: $\mathbf{2} \times \mathbf{2} \times 3 \times \mathbf{5}$

140과 60에 공통으로 들어 있는 소인수는 2, 2, 5이다. 이것들을 모두 곱하면 최대공약수는 $2 \times 2 \times 5 = 20$이 된다.

문제

1 다음 수의 약수를 모두 구하여라.

   a 15   b 24   c 36   d 60   e 23

2 5의 배수 4개를 말하여라.

3 30보다 작은 소수를 모두 말하여라.

4 30에서 40까지의 수 중 모든 합성수를 말하여라.

5 인수분해 수형도를 사용해 다음 각 수를 소인수분해하여라.

   a 24   b 56   c 90   c 90

나눗셈 규칙을 사용해 다음 질문에 답하여라.

6 다음 수 중 어떤 것이 2로 나누어떨어지는가? 그 이유는 무엇인가?

   a 284   b 181   c 70   d 5456

7 다음 중 3으로 나누어떨어지는 수는? 그 이유는 무엇인가?

  a 585   b 181   c 70   d 6249

8 다음 중 4로 나누어떨어지는 수는? 그 이유는 무엇인가?

  a 348   b 236   c 621   d 8480

9 다음 중 5로 나누어떨어지는 수는? 그 이유는 무엇인가?

  a 80   b 995   c 232   d 444

10 다음 중 6으로 나누어떨어지는 수는? 그 이유는 무엇인가?

  a 96   b 367   c 642   d 842

11 다음 중 9로 나누어떨어지는 수는? 그 이유는 무엇인가?

  a 333   b 108   c 348   d 1125

12 다음 중 10으로 나누어떨어지는 수는? 그 이유는 무엇인가?

  a 240   b 1005   c 60   d 9900

13 약수 수형도를 사용해 다음 각 수를 소인수분해하고 지수를 사용해 나타내어라.

  a 2430   b 4680   c 357

  d 56,133   e 14,625   f 8550

14 다음 두 수의 공약수를 구하여라.

  a 10과 25   b 12와 18   c 45와 60

15 다음 두 수의 최대공약수를 구하여라.

  a 12과 20   b 50과 75   c 30과 45

16 다음 각 수들을 소인수분해하고 모든 공약수를 구하여라.

  a 14, 22, 10   b 66, 210, 180   c 30, 90, 210

매미

매미는 1년살이 매미와 주기성 매미 두 종류가 있다. 1년살이는 매년 발견되지만 주기성 매미는 모두 동시에 성충으로 변하여 주기적으로 나타난다. 주기성 매미 4종류 중, 한 종류만 13년 주기인 반면, 세 종류는 17년을 주기로 나타난다. 종종 13년살이 메뚜기와 17년살이 메뚜기로 부르기도 하지만, 실제로는 메뚜기가 아니다.

매미는 마지막 한 해를 제외한 생애 대부분을 땅속에서 지낸다. 수컷이 짝을 만나기 위해 매일매일 울다가 짝을 지으면 암컷 매미는 나뭇가지에 알을 낳고 죽는다.

매미는 평소에는 보기 힘들지만 나타나게 되면 너무 시끄러울 뿐더러 어느 곳에나 있어 엄청난 소음에 뉴스거리가 되기도 한다.

13년살이 매미와 17년살이 매미는 같은 지역에서 서식할 수 있다. 그런데 동시에 나타나기라도 하면 그 주변의 나뭇가지를 빽빽하게 덮고 말 것이다. 다행히도 이런 일은 거의 일어나지 않는다. 그것은 그들의 생애 주기인 13과 17이 둘 다 소수로 공약수를 가지고 있지 않기 때문이다. $13 \times 17 = 221$이므로, 이들은 221년에 한 번씩만 함께 땅 위에서 만나게 된다.

지역에 따라 다른 종류의 매미들이 있다. 따라서 매미들이 땅 속에서 나타나는 해도 지역에 따라 다르다.

1990년에는 일리노이스에서 '매미떼 습격'이 있었으며, 2004년에는 워싱턴 D. C.와 북미의 여러 곳에서 매미들이 출현했다.

공약수를 이용해
비즈네르 암호 해독하기

"키 길이를 알고 있을 때 비즈네르 암호 해독 방법을 알아보았어. 하지만 만약 키워드에 대해 아는 것이 전혀 없다면, 그 길이를 어떻게 알 수 있지?" 제니가 말했다.

"더 이상 안 돼. 할아버지의 암호문은 결코 해독할 수 없을 것 같아." 한숨을 내쉬며 에비에가 말했다.

"그렇게 쉽게 포기하지 마" 제니가 에비에의 어깨를 두드리며 격려했다. "아마도 아직 알아내지 못한 몇 가지 패턴들이 있을지 몰라. 우리가 해독했던 메시지를 다시 살펴보자."

"남학생들의 암호문에서, **KVX**는 4번 나왔어." 암호문을 살피던 에비에가 **KVX**가 나타난 곳마다 밑줄을 그었다. "그것은 모두 **the**로 해독했어. 그리고 **GLAUVF 99**는 3번 나왔는데 모두 **number 99**로 해독했어." 계속해서 **GLAUVF 99**가 나타난 곳마다 밑줄을 그으며 말했다.

"어떻게 그럴 수 있지?" 생각에 잠겨 있던 릴라가 무언가 깨달은 듯 말했다. "나는 비즈네르 암호가 같은 문자들을 다른 문자들로 암호화하고 해독한다고 생각하고 있었거든."

"그런 일은 이따끔씩 일어나" 제니가 말했다. "반복하여 나열한 키워드의 같은 문자들이 위에 놓이지 않을 때에 말이야. 예를 들면 이런 거야."

```
ROT    ROTROTR    OT    R    OTRO    TROTRO
the    manager    at    a    boat - rental
KVX    DOGRUX!     OM    R    PHRH - KVBMRZ

TROTROTROT    ROTR    OT    ROT    ROTR    OT
concession    went    to    the    edge    of
VFBVVGLZCG    NSGK    HH    KVX    VRZV    CY

ROT    ROTR    OTR    OTROTR        OTRO
the    lake    and    yelled,      "boat
KVX    CODV    OGU    MXCZXU,      "PHRH

TROTRO            TROT    ROTR        OTRO    TROT
number 99,        come    back.      your    time
GLAUVF 99,        VFAX    SOVB.      MHLF    MZAX

RO  TR    OTR    OTR    OTRO    TROT  R
is  up."  but    the    boat    didn' t
ZG  NG."  PNK    HAV    PHRH    WZRG 'K
```

남학생들의 암호문에서 (위의 암호문은 처음 부분을 나타낸 것이다), 단어 **the**는 여러 번 나타나지만, 키워드 **ROT**가 **the** 위에 있을 때 단어 **the**가 **KVX**로 암호화된다. 그러나 다섯 번째 줄에서는 **the** 위에 배열된 키워드 문자가 **OTR**이므로 이것은 다른 문자들로 암호화된다.

"같은 키워드 문자가 같은 단어 위에 놓인다는 것은 우연의 일치가 아닐까?"에비에가 물었다.

"아마도 그것은 우연의 일치 그 이상일 수도 있어. 어쩌면 우리는 하나의 패턴을 발견할 수 있을지도 몰라."제니가 계속 패턴을 살피며 말했다.

"이것 봐."아비가 같은 키워드 문자가 있는 암호문의 문자들을 구역으로 나누며 말했다.

```
R O T    R O T R O T R    O T    R    O T R O    T R O T R O
the      manager          at     a    boat-      rental
K V X    D O G R U X I    O M    R    P H R H-   K V B M R Z

T R O T R O T R O T    R O T R    O T    R O T    R O T R    O T
concession            went      to     the      edge       of
V F B V V G L Z C G    N S G K    H H    K V X    V R Z V    C Y

R O T    R O T R    O T R    O T R O T R    O T R O
the      lake      and      yelled,        'boat
K V X    C O D V    O G U    M X C Z X U,   'P H R H

T R O T R O          T R O T    R O T R    O T R O    T R O T
number 99,           come      back.      your       time
G L A U V F 99,      V F A X    S O V B.   M H L F    M Z A X

R O    T R          O T R    O T R    O T R O    T R O T    R
is     up."         but      the      boat       didn'      t
Z G    N G."        P N K    H A V    P H R H    W Z R G'    K
```

"1번째 **the** 위의 키워드 **ROT**는 2번째 **the**가 나오기까지 정확히 13번 배치되어 있어. **ROT**는 3개의 문자로 되어 있으니까, 첫 번째 **the**와 2번째 **the**는 정확히 13×3＝39개의 문자만큼 떨어져 있는 셈이지." 아비가 문자의 수를 세는 대신 두 수를 곱하며 말했다.

"2번째 **the** 위의 키워드 **ROT**는 3번째 **the**가 나오기까지는 정확히 3번 배치되어 있어. 따라서 2번째 **the**와 3번째 **the**는 3×3＝9개의 문자만큼 떨어져 있어."

"같은 문자로 암호화되는 문자에 대해, 키워드 **ROT** 사이의 거리는 3의 배수야." 제니가 뭔가를 알아낸 듯했다. "따라서 세 문자 **ROT**는 **the**와 같이 원문의 반복되는 문자열 사이의 거리가 3의 배수일 경우 똑같게 배치돼."

"즉, 만일 3이 원문의 문자열 사이의 거리의 약수이면 같은 문자들이 배치되게 돼." 아비가 말을 이어받았다.

그들은 다음과 같이 매우 유용한 무언가를 발견했다.

키워드의 문자들이 원문의 반복되는 문자열 위에 그대로 배치될 때, 문자열 사이의 거리는 키 길이의 배수이다. 즉, 키 길이는 문자열 사이의 거리의 약수이다.

"세 번째 줄의 **the**와 다섯 번째 줄의 **the** 사이의 거리는 49로, 이것은 3의 배수가 아니야. 그래서 **ROT**의 세 문자가 있는 각 구역이 두 개의 **the** 사이에 정확하게 배치되지 않아. 이것이 바로 다섯 번째 줄의 **the**가 나머지와 다르게 암호화되는 이유야."

"우리는 지금까지 무슨 일이 일어나고 있는지를 알기 위해 원문의 반복되는 문자열에 대해서만 살펴보았어. 하지만 암호문을 해독하려면 암호문 속의 패턴을 찾아야 해."제니가 말했다.

"그러기 위해서는 아마도 원문에서 반복된 문자열 사이의 각 거리를 구하고 그 키 길이가 얼마가 되어야 하는지를 알아보기 위해 다시 거꾸로 작업해야 할지도 몰라. 키 길이가 될 수 있는 수들을 알아보기 위해 그 거리들을 인수분해하면 돼."아비가 말했다.

"키 길이가 항상 암호문의 반복된 문자열 사이의 거리의 약수일까?"팀이 물었다.

"다른 메시지를 조사해 보자."에비에가 제안했다. "우리가 남학생들에게 보냈던 암호문은 남학생들이 우리에게 보낸 암호문과 다른 키 길이를 사용했어. 그것을 살펴보자."

다음은 루이스와 클라크가 탐험을 하는 동안 메리웨더 루이스가 쓴 일지에 기록되어 있는 일부 내용이다(철자법이 오늘날의 철자법과 같지 않지만 원래 쓰인 대로 나타낸다).

1 1804년 5월 20일 일요일

"We set forward... to join my friend companion and fellow labourer Capt. William Clark, who had previously arrived at that place with the party destined for the discovery of the interior of the continent of North America.... As I had determined to reach St. Charles this evening and knowing that there was now no time to be lost I set forward in the rain... and joined Capt Clark, found the party in good health and sperits."

a 위의 메시지에 사용된 **the**를 모두 찾아라. 'there'와 같이 **the**가 한 단어의 일부로 포함되어 있는 것도 포함하여 찾는다.

b 마지막 문장에서 5번째 **the**와 6번째 **the** 사이의 거리를 구하여라. 단 구두점이나 빈 공간은 세지 않는다.

c RED, BLUE, ARITHCHOKES, THMATOES 중, 마지막 문장에서 5번째 **the**와 6번째 **the**를 같은 문자로 암호화시키는 것을 키워드로 채택하여라. 그리고 그것을 사용해 다음을 암호문으로 작성하여라.

"the rain... and joined Capt Clark, found the party"

d RED, BLUE, ARITHCHOKES, THMATOES 중, 마지막 문장에서의 5번째 **the**와 6번째 **the**를 다른 문자로 암호화시키는 것을 키워드로 채택하여라. 그리고 그것을 사용해 다음을 암호화하여라.

"the rain... and joined Capt Clark, found the party"

해답 316p

e 1c와 1d에서 여러분이 사용하지 않은 키워드 중, 마지막 두 개의 **the**를 같은 문자로 암호화시키는 키워드는 무엇인가? 또 다른 문자로 암호화시키는 키워드는 무엇인가? 답을 찾았다면 그렇게 답한 이유도 말하여라.

2 1805년 4월 7일 수요일

"We were now about to penetrate a country at least two thousand miles [3,219 kilometers] in width, on which the foot of civilized man had never trodden; the good or evil it had in store for us was for experiment yet to determine, and these little vessels contained every article by which we were to expect to subsist or defend ourselves……. I could but esteem this moment of my departure as among the most happy of my life."

a 위의 메시지에 사용된 **the**를 모두 찾아라.

b 2번째 **the**와 3번째 **the** 사이의 거리를 구하여라. 이 두 개의 the를 같은 단어로 암호화시키는 키워드의 길이가 될 수 있는 수는 어떤 것들이 있는가?

c 3번째 **the**와 4번째 **the** 사이의 거리를 구하여라. 이 두 개의 **the**를 같은 단어로 암호화시키는 키워드의 길이가 될 수 있는 수는 어떤 것들이 있는가?

d 2번째 **the**와 3번째, 4번째 **the**를 모두 같은 단어로 암호화시키는 키워드의 길이가 될 수 있는 수는 어떤 것들이 있는가?

문제

e 다음 중 2번째, 3번째, 4번째 **the**를 같은 문자로 암호화시키는 것을 키 워드로 채택하여라.

PEAR, APPLE, CARROT, LETTUCE, CUCUMBER, ASPARAGUS, WATERMELON, CAULIFLOWER

f 두 번째 줄의 **the**에서 네 번째 줄의 **the**까지의 암호문을 복사하여라. 이 암호문 위에 여러분이 선택한 키워드를 써넣어라. 그런 다음 **the**를 각각 암호화하여라.

3 a 121~122쪽에서 여학생들이 만든 암호문에서 반복되는 문자열을 찾아 라.

b 아래의 표를 완성하여라. 3a에서 찾은 문자열뿐만 아니라, 표에 제시된 문자열을 포함한 표를 완성하여라.

여학생들이 작성한 암호문에 나타난 반복된 문자열			
키워드=<u>DIME</u> 키 길이=<u>4</u>			
문자열	사이의 거리	키 길이가 거리의 약수인가?	반복된 문자열 사이에서 딱 들어맞게 반복되는 키워드의 수
XKM	136	yes	34
XKM	68		
XKM	20		
XKM	100		
ZMF (7번째줄)			

c 키 길이는 항상^{always} 또는 일반적으로^{usually} 또는 가끔씩만^{sometimes} 문자열 사이의 거리의 약수가 되는가?

해답 316~317p

클럽 회원들은 자신들이 작성한 암호문들을 살펴보면서 알게 된 규칙을 다음과 같이 나타내었다.

비즈네르 암호문에서 어떤 두 개의 반복된 문자열 사이의 거리는 일반적으로^{usually} 키 길이의 배수이다.

"우리가 정리한 규칙에서 '일반적으로^{usually}'라는 말이 마음에 걸려." 아비가 말했다. "항상^{every time} 적용되는 규칙을 찾을 수는 없을까?"

"없어, 하지만 그 암호문의 다른 실마리들을 바탕으로, 우리가 하고 있는 것이 맞는지는 알 수 있어. 이 패턴을 이용해 할아버지의 암호문의 키 길이를 추측해 보자."

제니의 말에 그들은 먼저 반복된 문자열을 찾기 시작했다.

A VNNS SGIAV GVDJRJ! WG OOF AB GZS UAZYK
PRZWAV HUW HESRVFU CGGG GB GZS AADVYCA
JWIWF NL HUW BBJHUWFA LWC GT YSYR KICWFVGF.
JZWYW VVCWAY, W SGIAV GBES FZWAQ GGGBRK.
ZNLSE A PEGITZH GZSZ LC N ESGSZ
RPDRJH GG VNNS GZSZ SDCJOVKSQ. KIEW SAGITZ,
HUWM NJS FAZIWF—VF O IWFL HIEW TBJA.
GZSEW AHKH OW ABJS—V OWYD FRLIEF OAV
GGSYR S QYSWZ.

할아버지의 암호문

GZS가 다섯 번 나와 있으며, 1번째 GZS와 2번째 GZS 사이의 거리는 30이고, 2번째와 3번째 GZS 사이의 거리는 90, 3번째와 4번째 GZS 사이의 거리는 24, 4번째와 5번째 GZS 사이의 거리는 51이다.

그들은 이들 각각의 거리가 키 길이의 배수라고 생각했다. 이것은 곧 키 길이가 각 거리의 약수라는 것을 의미한다. 그들은 약수를 찾기 위해 각 거리를 소인수분해했다.

$$30 = 2 \times 3 \times 5$$
$$90 = 2 \times 3^3 \times 5^2$$
$$24 = 2^3 \times 3$$
$$51 = 3 \times 17$$

이때 공약수는 한 개뿐이며 3이다. 따라서 키 길이가 3일 것이라는 추측을 할 수 있다.

"잠깐," 팀이 새로운 의견을 내놓았다. "아마도 3이 키 길이일 거야. 하지만 우리가 방금 찾은 다른 문자열들 사이의 거리도 3의 배수가 되는지 확인하는 것이 좋겠어."

반복된 문자열	사이의 거리
VNNS	162
SGIAV	105
GZS (5회)	30
	90
	24
	51
GGG	76
SYR	162
HUW (4회)	
IWF (3회)	
IEW	
GITZ	
ZWA	

위의 표는 클럽 회원들이 찾아낸 반복된 문자열과 각 문자열 사이의 거리를 나타낸 것이다.

학생들은 3이 할아버지의 암호문의 키 길이일 것이라는 추측이 적절하다고 생각하며 암호문의 각 문자들을 세 묶음으로 분류했다. 또 각자 할 일을 나눈 다음, 세 묶음 각각에 들어 있는 문자들로 만든 암호문을 해독하기로 했다. 그들은 각 묶음에 들어 있는 문자들을 해독하기 위해 서로 다른 암호 원판을 사용했다.

원판 1 암호문의 1번째, 4번째, 7번째 문자, ……

원판 2 암호문의 2번째, 5번째, 8번째 문자, ……

원판 3 암호문의 3번째, 5번째, 9번째 문자, ……

학생들은 먼저 어떤 문자들이 가장 많이 사용되었는지를 알아보기 위해, 각 묶음에 포함된 문자들의 수를 세어 표로 나타내었다.

"너희가 이 모든 것을 알아내는 동안, 난 수영반에서 연습 중이었어. 너희들이 할아버지의 키 길이를 어떻게 알아냈는지 누가 설명해 줘." 다음날 암호클럽에 온 피터의 질문에 아비가 대답했다.

	많이 사용된 문자
원판 1	W, G, Z, J
원판 2	S, W, H, I
원판 3	G, A, R, V
영어	e, t, a, i

"좋아. 우리는 암호문에서 반복해서 나오는 문자열 사이의 거

리를 알아낸 다음, 그 거리의 대부분이 키 길이의 배수가 됨을 추측해냈어."

"다른 말로 하면, 키 길이가 그 거리들의 약수가 됨을 추측해 낸 거지."

제니의 설명을 이어 팀이 대답했다.

"그래서 우리는 각 거리들을 소인수분해해서 공약수를 구했어."

문제

4 a 할아버지의 암호문에서 몇 개의 반복된 문자열을 찾아라. 표에 문자열 사이의 거리가 나와 있지 않은 문자열 2개를 포함해도 된다. 그런 다음 반복된 문자열 사이의 거리를 각각 구하여라.

b 3이 표에 나타낸 각 거리와 4a에서 여러분이 구한 거리의 약수가 되는가?

c 3이 어떤 수의 약수인지 아닌지를 어떻게 알게 되었는가?

d 3이 할아버지의 암호문의 키 길이일 것이라는 추측이 적절하다고 생각하는가? 그렇다면 그 이유는 무엇이고, 그렇지 않다면 또 그 이유는 무엇인가?

5 할아버지의 암호문을 해독하여라. 시간을 아끼기 위해, 위의 표에 나타낸 정보를 활용하여라. 사용된 키워드는 무엇인가?

해답 317~318p

문제 6~8까지 할아버지의 암호문은 서로 다른 키워드를 사용해 작성된 것이다. 따라서 키 길이를 찾아야 한다(여러분은 이미 암호문의 내용을 알고 있으므로 다시 해독할 필요는 없다). 각 암호문의 바로 옆에 있는 표는 반복된 문자열과 문자열 사이의 거리를 나타내고 있다. 다음 각 메시지에 대해 아래 질문에 답하여라.

a 3개 이상의 반복된 문자열을 찾아라. 이때 표에 거리가 제시되지 않은 문자열 2개를 포함하도록 한다. 그런 다음 문자열 사이의 각 거리를 구하여라.

b 표에 정리한 각각의 거리와 여러분이 a에서 찾은 각각의 거리를 소인수분해하여라.

c 키 길이를 추측하고, 그렇게 추측한 이유를 설명하여라.

6 O VLYK TZXTR DLRJPU! OH HDY WY
WNS SLRZD EKVTQJ HSH ZFLGOBR
SUGE RT HSH TWALMCY UOJPU
GH EKK BZUZVPUT HTS UT WDQS
DXVSCLUF. HKOZP KOYTQM, W
QRABO VUAP VNWYB YHZQKG. WDZSC
L HFZXMVE WNSX WU O XHZOW
HDDPUZ HZ KGJP WNSX DVDCDOGPG.
YICH KBZXMV, EKKM LUK GTOBSC—
LT O GHXM AXXS QRXA. EKKFP PAGE EK AZUK—W HLRZ CHZICQ
GBO VZOVH G QWDOA.

반복된 문자열 암호 6	사이의 거리 빈도
JPU	52
WNS (occurs 3 times)	120
HSH	
EKK (occurs 3 times)	120
WNSX	24
ZXMV	
LRZ	208

7 A LCMI YGYPU WBDZGI! MM OEU ZR MZI JZPEK FGYMGV XJV XKSHKEK IGWV FR MZI PZTBYSP IMOWV CK XAW RQIXAWVP KMI GJ NROX KYRVVBGV. YYMEW LKBMGY, M HFYGV WQDI LZMPP WMGRGJ. PTLIT Z FKGYIYX MZIO KS T EIVRP XPTGIX MG LCMI MZIO RTIJEKJIW. KYTV IGGYIY, XAWC CII LAPXVV —BF E XVVR HYTV JHJQ. VYIKW QWJX UW QQII—B OMNC VXLYTE EGV WVROX S GNRMF.

반복된 문자열 암호 7	사이의 거리 빈도
LCMI	162
MZI (occurs 4 times)	90
XAW (occurs 3 times)	114
ROX	162
MZIO	
YTV	
GYIY	
XVV	

8 I WPGI FDJYH SXAGIR! XI HES XC ELE WXWPS QTSMNS ISI TGPOMNV EZWT DC ELE CXAMGDC CMVTG LX TWT YSRIWPVN IXA SF APVI SJEPVIDG. HLIAT SMKXCR, M FDJYH SDBP WHXCJ WTDCPW. LPIPV I QGZYGWI ELEB IZ E MTILP EMEPVT ID SEVT ISIM PEAVAXHPH. SJGP INDJRL, TWTJ ERT HTPVTG—TR A KTCC PJGP JOGB. ELEGT XYSI QP QOGT—T AIAA CITJGY ENS HEEKT P NPAXB.

반복된 문자열 암호 8	사이의 거리 빈도
FDJYH	105
ELE (occurs 4 times)	90
ISI	130
VTG	120
TWT	
PVI	135
PVT	
JGP	
EPV	

해답 319p

9 다음은 비즈네르 암호로 작성한 암호문이다. 키를 추측하기 위한 자료를 수집하고 암호문을 해독하라. 사용한 키워드는 무엇인가?

ECF DXS GHXM NOKJPU. ECF FXONNKR L YOUPQKFP FODSHX. DPRVZP XYSO WU HSLTY EKGH HDY WXSUGDLHZP. VU MZX YVZXRR MH BSCB VFZXJ. MZX ICFOJ PP D YSNUKH LJKBE. PGMMH ECF VNCFOJ HCB ECFU YYTORG ZQ ZVP EKOWH IWAKKFD. QUPZGE VLV IFLFQSO WNSX BKH, MXZ WQ BUI OR, ECF POUSW JWDFUJPU G HCHGGFUK KZUZV XLRZTRTG ZI JCWOGFD.

10 키워드에 대한 정보가 전혀 없을 때 비즈네르 암호를 해독하는 방법을 설명해 보아라.

해답 320p

 뒷 이야기

"엄마! 엄마!"제니와 아비가 집에 도착하자마자 말을 꺼냈다.

"할아버지가 은을 발견했어요~. 우리가 할아버지가 쓰신 비밀 메시지를 찾아 해독했거든요!"

"응, 그래." 엄마가 대답했다.

"엄마는 흥미롭지 않아요? 우리를 못 믿으시겠어요?"

"아니, 믿어, 하지만 그걸 알아도 별수 없거든. 할아버지가 발견하기는 했지만 그 뒤로 잃어버리셨어. 그건 집안에 전해 내려오던 오래된 이야기란다."

"그 노트는 아마도 굉장한 모험가셨던 고조할아버지의 것일 거야. 그는 젊었을 때 캐나다 해안 경비대에 들어가 슈피리어 호로 배치를 받았어. 그때 그는 상륙허가를 받아 호수의 북쪽 끝인 니피곤 강을 따라 도보여행을 갔어. 교역소 외엔 별 다른 게 없었던 곳이지. 그런데 교역소 뒤의 산에 올라갔다가 밤이 생각했던 것보다 빨리 찾아오는 바람에 동굴에서 밤을 보내셨다는구나."

"다음날 아침, 동굴 안에서 이상하게 생긴 암석들을 발견한 고조할아버지는 몇 개를 가방에 담아 자신의 배로 돌아갔어. 배가 몬트리올에 도착했을 때, 가지고 온 암석을 감정했는데 그것이 매우 값이 비싼 광석이며 은이 많이 들어 있다는 말을 들었지 뭐야. 그래서 사람들이 광석을 가져온 장소를 알려달라고 했지만, 아무에게도 알려주지 않고 다시 그곳으로 되돌아갈 계획을 세우셨지."

"많은 시간이 지난 후, 휴가를 받아 아들(나의 할아버지)과 함께 니피곤 강으로 갔어. 그들은 교역소 뒤의 언덕에서 은을 발견했던 곳을 찾아 3주 동안 헤맸지만, 결국 아무것도 발견하지 못했어. 휴가 마지막 날, 그들은 교역소 앞에 있는 선착장에서 나이든 낚시꾼을 만났는데, 할아버지는 얼마나 오래 그곳에서 살고 있었는지를 물어 보셨어. 그러자 낚시꾼이 말하기를 '당신들은 화재가 있었다는 것을 모르고 있는 것 같군요. 교역소는 강의 건너편에 있었지만 몇 년 전에 다 타버렸다우. 그 뒤로 강의 이쪽 편에 지금의 교역소를 다시 세운 것이라우.'"

"그 말은 결국 그들이 엉뚱한 곳에서 은을 찾느라 긴 시간을 소비했다는 것을 의미해! 하지만 다시 되돌아가 은을 찾을 시간이 없었어. 이미 모든 휴가를 써버린 상태였거든. 그리고 다시는 그곳으로 되돌아가지 못했다고 해."

"그 이야기는 가족들 사이에 계속 전해져내려왔어. 내가 어렸을 때, 아버지는 니피곤 강에 댐이 세워지기 전까지 휴가 때마다 우리를 데려가셨어. 지금은 당시의 어떤 흔적도 찾아볼 수 없단다. 아마도 물밑으로 가라앉았을 거야. 결국 고조할아버지의 보물은 발견되지 않았어."

1회용 패드 암호와
핵무기 정보를 수집하는 스파이들

비즈네르 암호의 키워드가 원문(메시지)의 길이와 같거나 더 길면, 어떤 패턴도 없으며 암호를 해독할 수도 없다. 그리고 중요한 것은 키워드가 단 한 번만 사용되어야 한다는 것이다. 그렇지 않으면 패턴이 발견되어 암호가 해독될 수 있다.

1920년대 독일 외교관들이 이 암호체계를 사용하기 시작했을 때, 그들은 매 장마다 다른 키가 들어 있는 책자로 만들어 사용했다. 암호문을 작성하는 데 한 페이지가 이용되면, 그 페이지는 폐기함으로써 두 번 다시 사용하지 않아, 이 암호체계는 1회용 패드 암호로 알려지게 되었다. 또한 이 암호체계는 유일하게 해독되지 않았으며 그 때문에 지금도 여전히 사용되고 있다.

1회용 패드 암호에서 사용하는 패드의 유형은 다양하다. 한 러시아 관리는 체포되었을 때 우표 크기의 소책자 형태인 암호패드를 몸에 지니고 있었다. 두루마리 형태의 패드도 발견된 적이 있다. 스파이들은 라이터의 밑바닥에 돌돌 말아 숨긴다든지 하는 방법으로 1회용 패드를 교묘하게 숨겼다.

1회용 패드 암호를 해독할 수 없음에도 불구하고 사람들이 사용하지 않는 이유는 무엇일까? 그것은 사용자가 암호문을 작성할 때마다 매번 새로운 키가 필요한데 이 키를 사용자에게 전달하기가 어렵기 때문이다. 전쟁 중에는 수십만 개의 암호문이 매일 작성된다. 따라서 그 많은 키를 제공하고, 어떤 키가 사용되었는지를 확인하는 것 매우 어렵다. 대신 1회용 패드 암호는 정부가 자신들의 스파이들과 비밀통신을 할 때 유용하게 사용된다.

1940년대에 러시아인들이 키워드를 단 한 번만 사용해야 된다는 중요한 규칙을 따르지 않았던 시기가 있었다. 정확한 이유는 알려지지 않았지만 아마도 전쟁 중에 새로운 1회용 패드를 주고받기가 어려워, 한 번 사용한 패드를 재사용했거나, 키 제작자의 착각으로 같은 패드를 두 번 인쇄했는지도 모른다. 이유야 어떻든(고의든 그렇지 않든 간에), 그들은 한 번 이상 같은 키워드를 사용해 암호문을 작성했고 이를 가로챈 미국의 암호해독가들은 패턴을 찾아내어 일부를 해독해 내었다. 그 결과 미국 정부는 러시아인들에게 핵무기에 대한 비밀정보를 넘기고 있는 주요 미국인과 영국인 스파이들의 명단을 알아내어 체포할 수 있었다. 이 암호해독은 베노나^{VENONA} 프로그램의 일환으로 1943년에서 1980까지 지속되었으며, 1995년이 되어서야 대중들에게 알려졌다.

모듈러 산술
(시계 산술)

모듈러 산술 소개

팀은 어떤 상황이나 사물의 바탕을 이루는 근거에 대해 궁금해하며 항상 "왜?"라고 묻는다. 이런 팀의 호기심을 평소 격려하고 지지했던 선생님이지만 어느 날 너무 바쁜 나머지 팀의 질문에 일일이 답할 시간이 없었다. 팀이 또 다른 질문을 하자 선생님은 짜증섞인 목소리로 답했다. "팀, 몇 가지 사실은 항상 참이란다. 단지 너는 그것을 받아들이기만 하면 돼. 2 더하기 2는 항상 4야, 4 더하기 4는 항상 8이고, 8 더하기 8은 항상 16이란다."

팀은 선생님이 말씀하시는 것을 그대로 받아들이지 않고, 조사해 봐야 할 도전 문제로 생각했다. 그래서 선생님이 예로 든 상황이 항상 옳은 것은 아니라는 것을 보여주는 예를 생각해 보기로 했다.

그날 밤 잠자리에 들 준비를 하면서도 팀은 산술에서 하나의 예를 찾기 위해 생각에 빠져 있었다. "지금은 오후 10시. 8시간 동안 잠을 자려면 오전 6시에 일어나도록 알람을 맞춰놓으면 돼." 그러다 갑자기 좋은 생각이 떠오른 팀은 주먹을 불끈 쥐었다.

"바로 그거야! 시계 산술에서 오후 10시＋8시간＝오전 6시. 그래서 10＋8은 항상 18이 아니야! 선생님은 8 더하기 8이 항상 16이라고 말했지만, 시계 산술에서는 8＋8＝4야. 음하하하…… 뭐이걸 꼭 내일 당장 선생님께 말할 필요는 없겠지!"

팀은 다음 날 반 친구들에게 자신이 생각해 낸 예를 말해주었다. 그들은 모두 시계 산술에서의 덧셈이 매우 이상하다는 생각에 동의했다. 합이 12보다 작을 때 시계 산술에서의 덧셈은 일반적인 덧셈과 같다. 예를 들어 6＋3＝9처럼 말이다. 하지만 그 합이 12보다 커지면 13을 1과 같게 하여 다시 세기 시작한다. 예를 들어 (시계 산술에서) 6＋7＝1이다.

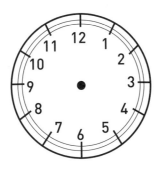

1 릴라는 토요일 오전 11시부터 3시간 동안 예행연습을 했다. 몇 시에 끝났는가?

2 피터는 피츠버그 근교에 사는 할머니와 사촌인 말라, 베타니를 방문하기 위해 가족과 함께 자동차로 이동하고 있었다. 집에서 할머니 댁까지 걸리는 시간은 13시간이다. 오전 8시에 출발했다면 피츠버그에는 몇 시에 도착할까?

3 피터는 다른 지역에 사시는 또 다른 할머니를 방문하려고 한다. 피터 가족은 12시간 이동한 다음, 호텔에 들어가 잠을 8시간 잤다. 그런 뒤 다시 13시간을 더 운전하여 할머니 댁에 도착했다. 피터 가족이 토요일 오전 10시에 출발했다면, 할머니 댁에는 언제 도착했을까?

4 시계 산술을 이용해 다음 문제를 풀어라.

a $5 + 10 =$ _____   b $8 + 11 =$ _____

c $7 + 3 =$ _____   d $9 + 8 + 8 =$ _____

5 제니의 가족은 5시간 걸리는 자동차 여행을 계획하고 있다. 오후 2시에 도착하려면 몇 시에 출발해야 할까?

6 문제 5에서, 시계를 거꾸로 이동시켰다. 이것은 시계 산술에서 뺄셈과 같다. 시계 산술을 이용해 다음의 뺄셈 문제를 풀어라. 원한다면 시계를 사용해도 된다.

a $3 - 7 =$ _____   b $5 - 6 =$ _____

c $2 - 3 =$ _____   d $5 - 10 =$ _____

해답 320p

🔒 24시간 시계

피터가 아비에게 오래된 수수께끼 중 하나를 내었다. "괘종시계가 13번 울리면 몇 시일까?" 아비는 아무리 생각해도 답을 알 수 없었다. 집에 있는 모든 시계는 12시까지만 알 수 있도록 되어 있기 때문이다. "새로운 시계를 가질 때지." 피터가 말했다.

피터의 수수께끼는 13이 표시된 시계는 고장난 것임을 전제로 하고 있다. 그러나 사실 하루 24시간을 나타내는 모든 수가 표시된 시계들도 있다.

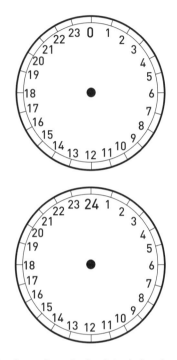

24시간 시계에서는 각 시간마다 서로 다른 수가 사용된다. 정오까지의 시간은 보통 1에서 12까지의 수로 나타내지만 오후 시간과 밤 시간은 정오 전에 사용한 수들과 다른 13에서 24까지의 수를 사용한다. 따라서 13:00시는 오후 1시를, 14:00시는 오후 2시, ……, 24:00시는 자정을 나타내는데 자정은 0 또는 24로 표시한다.

24시간 시계에서는 오전이나 오후를 구분할 필요가 없다. 단지 시간이 12보다 작은지, 큰지에 따라 오전과 오후를 구분하면 된다.

12시간 시계와 24시간 시계에 맞추어 각 시간을 변환시키는 것은 어렵지 않다. 오전 시간은 12시간 시계나 24시간 시계 모두 같다. 오후 시간과 저녁시간을 변환시키기 위해서는 단지 12를 더하거나 빼면 된다.

예를 들어, 오후 9시를 24시간 시계에 맞게 변환시키기 위해서는 12를 더하면 된다. 즉 9+12=21이므로 오후 9는 21:00시와 같다.

12시간 시계에서 16:00시를 나타내기 위해서는 12를 빼면 된다. 즉 16-12=4이므로 16:00시는 오후 4시와 같다.

24시간 시스템은 유럽에서 광범위하게 사용되고 있으며 미국에서도 증가하는 추세이다. 24시간 시스템은 혹시 모를 착각을 예방하기 위해 기차와 버스 시간표에 사용하거나 군대에서 사용해 종종 '군용시간'이라 부르기도 한다.

문제

7 다음 12시간 시스템으로 나타낸 시간을 24시간 시스템으로 나타내어라.

　　a 오후 3시　　　　　b 오전 9시　　　　c 오후 11:15

　　d 오전 4:20　　　　 e 오후 6:45　　　 f 오후 8:30

8 다음 24시간 시스템으로 나타낸 시간을 오전, 오후를 사용해 12시간 시스템으로 나타내어라.

　　a 13:00　　　　　　b 5:00　　　　　　c 19:15

　　d 21:00　　　　　　e 11:45　　　　　 f 15:30

9 24시간 시계에서 다음을 계산하여라.

　　a 20+6=_____　　　　　b 11+17=_____

　　c 22−8=_____　　　　　d 8−12=_____

10 10시간 시계에서 다음을 계산하여라.

　　a 8+4=_____　　　　　b 5+8=_____

　　c 7+7=_____　　　　　d 10+15=_____

　　e 6−8=_____　　　　　f 3+5=_____

11 도전 문제

　　2+2는 항상 4인가? 이것이 거짓임을 보여주는 시계를 찾아보아라.

해답 320p

🔒 모듈러 산술

팀이 시계 산술 문제의 답을 써 내려가고 있었다.

"무슨 일이 있니? 답이 모두 틀렸잖아!" 아비가 팀의 답을 보면서 걱정스러운 말투로 말했다.

"틀리지 않았어." 팀이 단호하게 대꾸했다. "나는 우리가 흔히 사용하는 일반적인 연산을 적용한 게 아냐. 시계 산술에서 내가 했던 계산방법처럼 이와 같은 문제들을 해결할 때 표현하는 방법들이 틀림없이 있을 거야."

선생님이 시계 산술을 다른 말로 모듈러 산술이라고 한다고 말씀해 주시며 한 가지 방법을 학생들에게 보여주었다. 어떤 크기의 시계를 사용하는지를 보여주기 위해 "modulus" 또는 짧게 줄인 말 "mod"를 사용한다. 예를 들어, "mod 12"는 12시간 시계를, "mod 10"은 10시간 시계를 사용한다는 것을 의미한다. 시계 산술에서 우리가 적용했던 방법에 따라 문제 $8+4$는 $8+4=2\pmod{10}$과 같이 쓸 수 있다.

모듈러 산술을 이해하기 위해서는 여러분이 가지고 있는 시계에서 같은 위치에 놓이게 되는 수가 어떤 것들인지를 이해하는 것이 도움이 된다. 예를 들어, 12시간 시계에서 2, 14, 26, 38이 모두 같은 위치에 놓여 있는 수들이다.

모듈러 산술에서는 시계에서 같은 위치에 놓이게 되는 수들을 설명할 때 특별한 용어를 사용한다. 두 수가 n의 배수만큼 차이

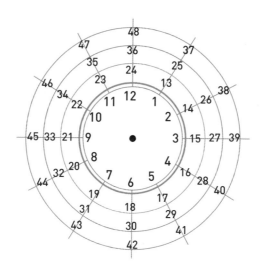

가 날 때 두 수는 n을 법으로 하여 같다^{equivalent mod n}고 한다. 즉,
크기가 n시간인 시계에서 두 수가 같은 위치에 놓여 있을 때 두
수는 n을 법으로 하여 같다고 한다. 예를 들어, 37과 13은 12를
법으로 하여 같다. 두 수의 차는 $37-13=24$로 12의 배수이기
때문이다.

기호 '$\equiv$'는 '같다'는 것을 의미하며 나타내는 방법은 다음
과 같다.

$$37 \equiv 13 \,(\text{mod } 12)$$

이때 수가 어떤 시계에서의 시간을 나타내고 있는지를 보이기

위해 괄호 안에 mod 12를 넣어 표현한다.

기호 "≡"는 등호 "="를 연상시키지만, 약간 다르다. 모듈러 산술에서 같은 두 수는 시계에서 같은 위치를 나타내기 때문에 같다. 그러나 그 수들은 꼭 같은 수가 아니어도 된다. 그래서 등호 "="와 약간 다른 기호를 사용한다.

"n을 법으로 하여 같다"는 말은 **n을 법으로 하여 합동**이다라는 말로도 나타낼 수 있다. 기하학에서 "합동"을 배웠을 것이다. 합동인 삼각형은 크기와 모양이 같기 때문에 같다. 기하학과 모듈러 산술에서, "합동"은 어떤 사항이 특별한 방법에 따라 같을 때 사용하는 단어이다.

어떤 수와 같거나 합동인 수들을 찾기 위해서는 mod의 배수를 더하면 된다. 예를 들어, 13, 25, 37, 49는 모두 12를 법으로 하여 1과 같은 수들이다. 이때 이 수들은 1에 12의 배수를 더한 것과 같음을 알 수 있다.

$$1 + 1 \times 12 = 13$$
$$1 + 2 \times 12 = 25$$
$$1 + 3 \times 12 = 37$$
$$1 + 4 \times 12 = 49$$

12~15번 문제는 170쪽 시계를 보며 답하여라.

12 a 168~170쪽 그림은 12시간 시계 둘레에 수를 빙 둘러 배열한 것을 나타낸 것이다. 1과 48 사이의 수 중 이 시계에서 3과 같은 위치에 놓이게 되는 수를 모두 써라.

   b 시계 둘레에 수를 계속 써갈 때, 49와 72 사이의 수 중 이 시계에서 3과 같은 위치에 놓이게 되는 수를 모두 써라.

13 a 1과 48 사이의 수 중 이 시계에서 8과 같은 위치에 놓이게 되는 수를 모두 써라.

   b 시계 둘레에 수를 계속 써갈 때, 49와 72 사이의 수 중 이 시계에서 3과 같은 위치에 놓이게 되는 수를 모두 써라.

14 a 이 시계에서 5와 같은 위치에 놓이게 되는 수를 나타내려면 어떻게 하면 되는가?

   b 49와 72 사이의 수 중 이 시계에서 5와 같은 위치에 놓이게 되는 수를 모두 써라.

15 다음 각 수와 같은 수를 3개씩 써라.

   a 6 mod 12

   b 9 mod 12

16 다음 각 수와 같은 수를 3개씩 써라.

   a 2 mod 10

   b 9 mod 10

   c 0 mod 10

17 다음 각 수와 같은 수를 3개씩 써라.

a   1 mod 5

b   3 mod 5

c   2 mod 5

해답 321p

🔒 n을 법으로 하여 수 환산하기

n을 법으로 하여 수를 다룰 때는 0에서 $n-1$까지의 수만을 사용한다. 이외 다른 수들을 다룰 경우에는 n을 법으로 하여 수를 0부터 $n-1$까지의 수로 환산한 다음 사용한다. 이것은 곧 그 수들을 n을 법으로 하여 같은 0과 $n-1$ 사이의 수로 대체한다는 것을 의미한다. 이 수는 n으로 나눌 때의 나머지이기도 하다.

예를 들어, 37은 mod 12에 대해 1, 13, 25 등의 수와 같다. 이것들 중에서 0과 11 사이에 있는 수가 1이므로, 37 mod 12을 환산하면 1이 된다.

수를 환산하거나 나머지를 구하는 것을 기호를 사용해 나타내는 것은 매우 유용하다. 앞으로 이것은 괄호를 사용하지 않고

mod n과 같이 사용하기로 한다. 따라서 37 mod 12는 37을 12로 나눌 때의 나머지를 뜻한다. 또 수를 환산할 때에는 다음과 같이 합동기호 "≡"가 아닌 등호 "="를 사용하기로 한다.

$$37 \bmod 12 = 1$$

아비는 자신이 모듈러 산술을 이해했다고 생각했지만, 수를 환산하는 것은 자신이 없었다.

"문제를 풀어보자. 40 mod 12를 환산해 볼까?" 제시가 말했다.

"12를 법으로 한 수들을 다루고 있기 때문에, 0과 11 사이의 수 중에서 40 mod 12와 같은 수를 찾아야 해. 이 수를 찾으려면 0과 11 사이의 수가 될 때까지 반복해 12를 빼면 돼."

$$
\begin{array}{r}
40 \\
- \quad 12 \\
\hline
28 \\
- \quad 12 \\
\hline
16 \\
- \quad 12 \\
\hline
4
\end{array}
$$

"그러다 12보다 작은 수가 될 때 멈추면 돼. 이 경우에는 4야."

"흠. 12의 배수를 빼는 것이 더 빠르지 않을까? 40보다 작은 12의 배수 중 가장 큰 수는 3×12=36이야. 따라서 40−36=4야."

아비가 다른 의견을 내놓자 제시가 고개를 끄덕였다. "좋아. 또 다른 방법은 12로 나누어서 나머지를 구하는 거야."

$$12 \overline{)40} ^{\displaystyle 3R4}$$

"어떤 방법으로 계산해도 같은 답이 나와. 즉 $40 \bmod 12 = 4$ 야."

음수 또한 모듈러 산술로 계산할 수 있다. 시계 바늘이 거꾸로 움직이는 것을 상상할 수만 있다면 말이다. 예를 들어, $-3 \bmod 12 = 9$이다. 12시간 시계에서 12로부터 3시간만큼을 거꾸로 세면 이 값이 된다. 또 0에서 11 사이의 수가 나올 때까지 12를 더하는 방법도 있다.

$$-3 + 12 = 9$$

문제

다음 각 수를 환산하여라

18 a 8 mod 5   b 13 mod 5   c 6 mod 5   d 4 mod 5

19 a 18 mod 12   b 26 mod 12   c 36 mod 12   d 8 mod 12

20 a 8 mod 3   b 13 mod 6   c 16 mod 11   d 22 mod 7

21 a −4 mod 12   b −1 mod 12   c −6 mod 12   d −2 mod 12

22 a −4 mod 10   b −1 mod 10   c −6 mod 10   d −2 mod 10

23 a −3 mod 5   b −1 mod 5   c 8 mod 5   d 7 mod 5

24 a −2 mod 24   b 23 mod 20   c 16 mod 11   d −3 mod 20

해답 321p

Mod 게임

- 학생들을 몇 개의 모둠으로 나눈다(4~7개 팀이 적당하다).

- 각 모둠에서 대표자를 한 명씩 뽑고, 교실 앞에 일렬로 서 있도록 한다.

- 어느 한 모둠이 10과 30 사이의 수를 선택한다. 일렬로 서 있는 학생들이 차례대로 그 수가 나올 때까지 1, 2, 3, ……을 센다.

- 마지막으로 그 수를 말한 학생의 모둠에 1점을 준다.

- 예: T1, T2, T3, T4의 4개의 모둠이 있다고 하자. 만약 11이 채택되면, 아래와 같이 T3에서 세는 것이 끝난다.

T1	T2	T3	T4
1	2	3	4
5	6	7	8
9	10	11	

- 다른 모둠에서 하나의 수를 선택하고, 교실 앞에 일렬로 서 있는 학생들이 다시 수를 차례대로 센다.

- 몇 번의 활동을 한 후, 모둠의 수를 달리하여 학생들을 다시 나누고 새로 게임을 시작한다.

제1차 세계대전과 미국의 참전

　1914년 유럽에서 전쟁이 일어났을 때, 미국은 바로 참전하지 않았다. 독일의 외무장관인 아르투르 치머만은 미국의 참전을 원하지 않아, 미국이 자기 나라를 지키는 일에 바쁜 나머지 유럽에서 일어난 전쟁에 연루되지 않기를 바랐다. 이를 위해 멕시코의 대통령을 설득하여 미국을 공격하고 텍사스, 뉴멕시코, 아리조나 지역이 '잃어버린' 멕시코 영토임을 주장하도록 공작할 생각이었다.

　치머만은 워싱턴 주재 독일 대사에게 비밀 메시지로 자신의 계획을 설명한 뒤 멕시코 대통령에게 전하도록 지시했다. 그 메시지는 영국을 통과하는 해저전선을 통해 전달하게 되었는데, 운 나쁘게도 영국 정부가 중간에서 가로채고 말았다.

　영국 정부는 그 메시지를 보자마자 1급 기밀 내용이 암호화되어 있다는 것을 눈치채고 반드시 해독해내기로 했다.

　영국의 암호 전문가들이 해독해낸 내용을 확인한 영국 정부는 미국 정부가 그 내용을 알고 분노해 연합군에 합류하기를 바랐다. 그리고 이 계획이 누설되었으며 이걸 이용해 미국이 참전하도록 하려는 것을 독일은 모르길 바랐다. 그래서 그들은 치밀한 계획을 세웠다.

영국 정부는 첩보원을 보내 워싱턴 주재 독일 대사가 멕시코 대통령에게 보내는 메시지를 훔치도록 한 뒤 이미 해독해 둔 치머만의 암호문을 미국에 전달했다. 그러면서도 그들이 독일의 암호 해독 방법을 알고 있다는 것을 어느 누구에게도 말하지 않았다. 심지어 자신들이 암호문을 가로채 해독했다는 것을 아무도 의심하지 않도록 영국의 첩보기관이 치머만의 전보를 가로채지 못한 것에 대해 비난하는 신문기사를 냈다.

미국 윌슨 대통령은 치머만의 전보를 읽고 나서 독일이 미국에 대한 공격을 부추기고 있다는 것을 알게 되었다.

1917년 4월 2일, 윌슨 대통령은 의회가 독일과의 전쟁을 선포하도록 요구했고, 결국 4일 후인 4월 6일 상·하원의 압도적인 표차로 독일에 대한 전쟁이 선포되었다.

모듈러 산술의 응용

12

" 우 리도 모르는 가운데 암호문을 작성하면서 모듈러 산술을 사용했었던 것 같아."

릴라가 맞장구를 쳤다. "네 말이 맞아. 시저 암호를 사용할 때 말이야, 각 문자를 수로 나타낸 다음 암호화하기 위해 더했었잖아. 그때 더한 결과가 25보다 크면 26 대신에 0, 27 대신에 1, … 과 같이 대체했었어. 그것은 26을 법으로 하여 수를 환산한 것과 같아."

팀과 릴라의 말이 옳다. 모듈러 산술을 사용해 그것을 다음과 같이 나타낼 수 있다.

$$26 \bmod 26 = 0$$
$$27 \bmod 26 = 1$$
$$28 \bmod 26 = 2$$
$$\vdots$$

26을 법으로 하여 음수를 환산하기 위해서는 0에서 25 사이의 값이 될 때까지 26을 너하면 된다.

$$-1 \bmod 26 = 25$$
$$-2 \bmod 26 = 24$$
$$-3 \bmod 26 = 23$$
$$\vdots$$

팀과 친구들은 11 곱하기 암호를 사용하기로 했다. 그들은 각 문자를 수로 바꾼 다음, 11을 곱하고 mod 26에 따라 수를 환산했다. 하지만 어떤 수에 11을 곱하게 되면 큰 수의 값을 얻게 된다. 남학생들은 이 값을 mod 26에 따라 어떻게 환산할 것인지를 알아보기로 했다. 예를 들어, 14에 대응하는 문자 **m**을 암호화하기 위해 먼저 $11 \times 14 = 154$를 계산했다. 그런 다음, 154 mod 26을 환산해야 했다. 여러분은 이 문제를 어떻게 해결할 것인가?

댄은 오른쪽과 같이 26보다 작은 수가 될 때까지 반복하여 26을 빼기로 했다.

반면 제니는 26으로 나누기로 했다. 그것은 구하고자 하는 답이 나머지이기 때문이다. 이 방법에 따르면, $154 \div 26$

$$
\begin{array}{r}
154 \\
-\ 26 \\
\hline
128 \\
-\ 26 \\
\hline
102 \\
-\ 26 \\
\hline
76 \\
-\ 26 \\
\hline
50 \\
-\ 26 \\
\hline
24
\end{array}
$$

$$154 \bmod 26 = 24$$

의 몫은 5이고 나머지 24이다. 따라서 154 mod 26＝24이다. 여러분은 이런 경우 긴 나눗셈을 하거나 계산기를 사용해 나눌 수 있다(나머지를 구하기 위한 계산기 사용법 팁은 185~186쪽에서 알아보자).

릴라는 154에서 26의 배수를 빼기로 했다. 26의 배수는 26, 52, 78, 104, 130, 156, …이다. 이 문제에서, 130이 154에서 뺄 수 있는 가장 큰 배수이다. 154−130＝24이므로, 154 mod 26＝24이다(만일 26의 배수 중 보다 작은 배수를 빼면, 이를테면 130 대신 104를 빼면 26보다 작은 수가 될 때까지 계속 빼야 할 것이다).

제시는 154가 되기까지 26이 몇 번 들어 있는지(26의 정수배)를 추측하여, 154에서 그만큼의 양을 빼기로 했다. 그는 5×30＝150이므로 154가 되기까지 26이 5번 정도 들어 있을 것이라고 추측했다. 그래서 5×26＝130을 계산한 다음, 154에서 130을 뺐다. 만약 추측한 값이 너무 작으면, 26보다 작은 수가 나올 때까지 더 큰 값을 뺐을 것이다.

학생들이 활용한 여러 방법으로 계산하더라도 모두 같은 결과(154 mod 26＝24)가 된다. 이 수는 문자 **Y**에 대응한다. 따라서 11 곱하기 암호에서 **m**은 **Y**로 암호화됨을 알 수 있다.

1 26을 법으로 하여 다음 수를 환산하여라.

　a 29　　　　　　b 33　　　　　c 12　　　　　d 40

　e −4　　　　　　f 52　　　　　g −10　　　　h −7

곱셈을 사용해 암호문을 만들어라. 암호화의 규칙은 아래 표에 제시되어 있다.

2 5 곱하기 암호를 사용해 "Jack"이라는 이름을 암호화하여라.
　처음 두 문자는 암호로 만들어져 있다.

5 곱하기 암호 (Times−5 cipher)	J	a	c	k
문자를 수로 변환시킨다. (암호띠를 사용)	9	0		
5를 곱한다.	45	0		
26을 법으로 하여 환산한다.	19	0		
수를 문자로 변환시킨다.	T	A		

3 다음 표에서의 지시에 따라 3 곱하기 암호를 사용해 "crypto−graphy"를
　암호화하여라. 처음 두 문자는 이미 만들어져 있다.

3 곱하기 암호	c	r	y	p	t	o	g	r	a	p	h	y
문자를 수로 변환시킨다. (암호띠를 사용)	2	17										
5를 곱한다.	6	51										
26을 법으로 하여 환산한다.	6	25										
수를 문자로 변환시킨다.	G	Z										

해답 321p

4 다음 각 수를 환산하여라.

   a 175 mod 26   b 106 mod 26

   c 78 mod 26   d 150 mod 26

5 다음 각 수를 환산하여라(힌트: 10×26=260과 같이 26의 배수를 빼서 계산하여라).

   a 586 mod 26   b 792 mod 26

   c 541 mod 26   d 364 mod 26

해답 322p

계산기를 사용해 나머지 구하기

154 mod 26을 구하기 위해, 팀과 아비는 나누어 나머지를 구하기로 했다. 긴 나눗셈을 활용하는 대신 계산기를 사용해 다음과 같은 값이 나왔다.

$$154 \div 26 = 5.9230769$$

그런데 계산기에서는 나머지가 정수가 아닌 소수로 나와 있었다. 팀과 아비는 소수로 나타내어진 나머지를 정수로 나타내고 싶었다. 그래서 두 가지 방법을 활용하여 소수로 나타내어진 나머지를 정수로 나타내었다.

팀은 다음과 같이 생각했다. "계산기의 답은 154 안에 26의 다섯 묶음과 약간의 우수리가 들어 있다는 것을 말하고 있어. 우수리의 양은 소수 0.9230769야. 26의 5묶음은 $5 \times 26 = 130$이니까 $154 - 130 = 24$의 우수리가 남아. 따라서 $154 \div 26$의 몫은 5이고 나머지는 24야. 즉, 154 mod 26 = 24가 돼."

아비는 다음과 같이 생각했다. "계산기의 답은 5.9230769야. 소수 나머지를 구하려면, 5를 빼면 돼."

$$5.9230769 - 5 = 0.9230769$$

"소수로 나타내어진 나머지는 나머지 R을 제수(나누는 수)로 나눈 값이야. 여기서는 제수가 26이니까 다음과 같이 쓸 수 있어."

$$\frac{R}{26} = 0.9230769$$

"이 식에서 R의 값을 구하려면 양 변에 26을 곱하면 돼"

$$26 \times \frac{R}{26} = 0.9230769 \times 26$$

"따라서 나머지 $R = 24$야."

아비는 이 방법으로 나머지를 구할 때는 R의 값이 항상 정수가 되는 것은 아니라는 것을 알게 되었다. 계산기의 창의 크기로 인해 나눗셈의 결과가 반올림되어 있다는 것을 알게 된 것이다. 이런 일이 자주 일어나지는 않았지만, 그럴 때마다 아비는 반올림하여 그 값에 가장 가까운 정수로 답을 조절했다.

6   계산기를 사용해 다음 수를 환산하여라.

   a 254 mod 24   b 500 mod 5   c 827 mod 26

   d 1500 mod 26   e 700 mod 9   f 120 mod 11

7   다음 각 수를 환산하여라.

   a 500 mod 7   b 1000 mod 24

   c 25,000 mod 5280   d 10,000 mod 365

8   문제 6의 수 중에서 한 개의 수를 선택해 그 수를 환산한 방법을 친구에게
    설명해 보아라.

해답 322p

🔒 mod 26에서의 손쉬운 곱셈법

팀은 11 곱하기 암호를 사용해
자신의 이름을 암호화하기로 했
다. 그는 먼저 11을 곱한 다음 26
을 법으로 해 환산했지만, 이 수들
을 다루는 것이 매우 지루했다. 예
를 들어 **Y**를 암호화하기 위해, 먼

저 $24 \times 11 = 264$를 계산했다. 그리고는 이 수를 환산하기 위해 264를 26으로 나눈 다음 나머지를 찾았다. 하지만 이것은 생각보다 할 일이 많았다. 팀은 보다 빠른 방법을 생각하던 중 $24 \equiv -2(\mathrm{mod}\ 26)$임을 알게 되었다. 모듈러 산술에서는 합동인 수를 곱하더라도 같은 값이 된다. 따라서 다음과 같다.

$$11 \times 24 \equiv 11 \times (-2)\ (\mathrm{mod}\ 26)$$
$$\equiv -22\ (\mathrm{mod}\ 26)$$
$$\equiv 4\ (\mathrm{mod}\ 26)$$

문제

9 11 곱하기 암호를 이용해 "trick"을 암호화하여라. 보다 빨리 계산하기 위해 팀의 방법을 이용한다.

11 곱하기 암호	t	r	i	c	k
문자를 수로 변환시킨다.					
11을 곱한다.					
26을 법으로 하여 환산한다.					
수를 문자로 변환시킨다.					

해답 322p

🔒 모듈러 산술의 달력에의 활용

선생님이 모듈러 산술은 달력 문제와 같이 주기와 관련 있는 문제를 해결할 때 유용하다고 말씀해주셨다 그리고 나서 "오늘이 일요일이라면, 50일 후에는 무슨 요일이 될까?"라고 질문했다.

0일을 일요일, 1일을 월요일, 2일을 화요일, …… 이라고 해 보자. 그러면 0에서 6까지의 수는 일주일의 7일을 나타내게 된다. 7일은 다시 일요일이 된다. 따라서 0 mod 7인 날들은 모두 일요일이다. 또 1 mod 7인 날들은 모두 월요일이며, 2 mod 7인 날들은 모두 화요일이다. 그런데 50 mod 7 = 1이므로, 50일째 되는 날은 일요일임을 알 수 있다.

문제

10 일요일에 우주비행사들이 임무를 띠고 우주로 떠났다. 아래 문제의 날짜 후에 돌아온다면 무슨 요일에 돌아오게 될까?

   a 4일 후   b 15일 후   c 100일 후   d 1000일 후

11 오늘이 수요일이라면 다음의 날짜 후에는 무슨 요일이 되는가?

   a 3일 후   b 75일 후   c 300일 후

> 윤년 윤년을 제외한 평년은 365일이다. 윤년은 하루(2월 29일)가 더 추가되어 366일이다. 윤년은 4로 나누어떨어지는 해에 해당하며, 단 100으로 나누어떨어지는 해는 제외한다. 그중에서도 400으로 나누어떨어지는 해는 윤년에 해당한다. 따라서 1900년은 윤년이 아니지만 2000년은 윤년이다.

12 a 2004년은 윤년이다. 그 다음 2개의 윤년은 언제인가?

   b 다음 중 윤년인 해는 어느 것인가?

   1800년, 2100년, 2400년

   c 다음 중 윤년인 해는 어느 것인가?

   1996년, 1776년, 1890년

13 만약 올해 7월 4일이 화요일이라면, 다음 해 7월 4일은 무슨 요일이 되는가? (단, 다음 해는 윤년이 아니다.) 또 그렇게 답한 이유를 설명하여라.

14 a 오늘은 며칠이고 무슨 요일인가?

   b 다음 해 오늘의 날짜는 무슨 요일인가? 이때 여러분의 답은 다음 해가 윤년인지 아닌지에 따라 달라질 수 있다. 또 그렇게 답한 이유를 설명하여라.

15 a 여러분의 다음 해 생일 날짜와 요일을 말하여라(달력을 사용해도 된다).

   b 21번째 생일은 무슨 요일이 되는가? 달력을 사용하지 않고 답하여라(윤년이 있다는 것에 주의하여라). 또 그렇게 답한 이유를 설명하여라.

해답 322p

공개 코드

모든 코드가 비밀코드인 것은 아니다. 예를 들어, 제품들마다 다른 국제 표준 도서번호^{ISBNs}와 세계 상품 코드^{UPCs}는 컴퓨터가 쉽게 판독할 수 있는 형태로 정보를 담고 있다. 그러나 이것은 정보의 비밀을 지켜야 한다는 것을 의미하는 것은 아니다.

코드는 종종 제품명 이상의 정보를 담고 있다. 2007년 이전까지 출판된 책의 ISBN은 10개의 숫자로 구성되어 있으며 네 부분으로 나누어져 있다. 첫 번째 부분은 그 책이 출판된 국가 또는 언어권별 지역을 의미한다(0 또는 1은 미국, 영국, 오스트레일리아 등의 영어권 국가를 나타낸다. 한국이나 일본은 8이다). 두 번째 부분은 출판사를, 세 번째 부분은 각 출판사가 배당한 책 자체의 번호를 의미한다. 10번째 숫자의 마지막 부분은 체크숫자라 부르는 특별한 숫자로, 그 숫자를 치거나 보낼 때 번호를 제대로 부여했는지 실수했는지를 검증하는 데 도움이 된다. 종종 실수로 번호를 잘못 부여하기도 하는데 그 코드가 실수를 간파해 내도록 설계되어 있다는 것은 놀랄 일이다.

책의 국제표준 도서번호 10개 중 처음 9개의 숫자가 먼저 할당된 후에, 10번째 숫자인 체크숫자가 선택된다. 체크숫자는 앞에 할당된 10개의 숫자의 각각에 차례대로 10부터 1까지 곱해서(1번째 숫자에 10, 2번째 숫자에 9, 3번째 숫자에 8, … 9번째 숫자에 1을 곱한다) 더한 다음 0 mod 11과 같게 되도록 선택된다. 즉, 그 합은 11의 배수이다. 이 책의 영미판 뒷표지에 있는 국제표준 도서번호는 ISBN 1−56881−223−X이다. X는 10을 나타낸다. 체크숫자는 단지 한 자리 숫자로만 쓰여져야 한다. 그래서 10 대신에 X를 사용한다. 이 책의 도서번호를 검증하면 다음과 같다.

$$(1\times10)+(5\times9)+(6\times8)+(8\times7)+(8\times6)+(1\times5)+$$
$$(2\times4)+(2\times3)+(3\times2)+(10\times1)=242\equiv0 \bmod 11$$

만일 누군가가 이 책을 주문하려다 실수로 ISBN 1−56881−223−6이라고 타이프를 쳤다고 하자. 그러면 컴퓨터는 다음과 같이 계산할 것이다.

$$(1\times10)+(5\times9)+(6\times8)+(8\times7)+(8\times6)+(1\times5)+$$
$$(2\times4)+(2\times3)+(3\times2)+(6\times1)=238$$

이것은 11의 배수가 아니기 때문에 컴퓨터는 타이프친 그 수가 잘못된 것이므로 책의 ISBN이 아니라고 알려줄 것이다.

2007년부터 국제표준 도서번호는 13자리의 숫자로 구성되었다. 10자리의 수가 모두 다 사용되었기 때문이다. 전화번호에 지역번호가 붙는 것처럼 맨 앞의 3자리 숫자는 접두부이다. 이 책이 앞으로 출판되게 되면 앞에 978이라는 접두부가 붙게 될 것이며 체크 숫자도 달라질 것이다. 새로운 체크숫자는 각 숫자에 차례대로 10, 9, 8, …을 곱하는 대신, 첫 번째 숫자에 1, 두 번째 숫자에 3, 세 번째 숫자에 1, 네 번째 숫자에 3을 곱하는 것과 같이 1과 3을 번갈아가며 각 숫자에 곱한 다음 더한 값에 따라 결정된다. 이때 체크 숫자는 더한 값이 10의 배수가 되도록 하는 수로 정한다. 따라서 이 책의 영미판 번호는 ISBN 978−1−56881−223−6이 될 것이다. 그것은 다음 계산 결과가 10의 배수이기 때문이다.

$$(1 \times 9) + (3 \times 7) + (1 \times 8) + (3 \times 1) + (1 \times 5) + (3 \times 6) + (1 \times 8) +$$
$$(3 \times 8) + (1 \times 1) + (3 \times 2) + (1 \times 2) + (3 \times 3) + (1 \times 6) = 120$$

ISBN 코드는 실수를 탐지해 내지만, 몇몇 코드는 매우 정밀해서 실수를 탐지하는 그 이상의 역할을 한다. 몇몇 코드는 에러를 정정할 수도 있다. 수학의 전분야가 에러정정코드[Error-correcting codes]의 연구에 영향을 미친 것도 있다.

PART

5

곱 암호와
아핀 암호

Chapter 13

곱 암호

"나는 특히 우리가 사용한 암호가 수와 관련되어 있어서 좋아." 피터가 말했다. "시저 암호에서는 암호문을 작성하기 위해 수를 더했어. 몇몇 암호는 곱해서 만들어진 것도 있어. 이게 매번 적용이 가능할까?"

릴라가 고개를 끄덕이며 말했다. "몇 개의 표를 만들어 보자. 그리고 무슨 일이 일어나는지 살펴보자."

학생들은 각 문자에 대응하는 그 수들에 3을 곱하여 3곱 암호를 만들었다. 예를 들어, 문자 c를 문자 G로 암호화했다. 즉 암호띠에서 c에 대응하는 수는 2로, 2에 3을 곱하면 6이 된다. 그런데 6은 문자 g와 대응하는 수이므로, c는 G로 암호화된다. 또 문자 i는 Y로 암호화했다. 그것은 i에 대응하는 수가 8이고, $8 \times 3 = 24$이며 24에 대응하는 문자가 y이기 때문이다.

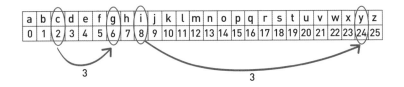

학생들은 3곱 암호표를 만들기 시작했다. 아래의 표는 문자 **a** 가 **A**로, **b**가 **D**로, **c**가 **G** 등으로 암호화된 것을 보여주고 있다.

원문	a	b	c	d	e	f	g	h	i	j	k	l	m	n	o	p	q	r	s	t	u	v	w	x	y	z
수	0	1	2	3	4	5	6	7	8	9	10	11	12	13	14	15	16	17	18	19	20	21	22	23	24	25
×3(mod 26)	0	3	6	9	12	15	18	21	24	1	4	7														
암호문	A	D	G	J	M	P	S	V	Y	B	E	H														

3곱 암호

"각각의 수에 3을 곱하면, 모든 값들이 달라." 릴라가 암호표를 살펴보며 말했다. "하지만 2를 곱하면, 몇 개의 문자들이 같은 문자로 암호화가 돼. 그래서 2를 곱해서 만드는 암호는 좋은 암호가 아니야."

곱 암호에서는 곱한 수가 암호를 결정한다. 그러므로 곱한 수가 바로 키가 된다. 만일 어떤 수를 곱해서 만든 암호가 모두 다른 문자로 암호화될 때, 그 수를 좋은 키^{good key}라 한다. 그래서 3은 좋은 키이지만 2는 아니다.

"몇 개의 수들이 좋은 키가 되기 위한 조건과, 나쁜 키가 되기 위한 조건이 무엇인지 궁금해." 댄이 궁금한 얼굴로 말했다. "패턴을 알아낼 수 있는지 살펴보자."

곱셈키로 암호표 만들기   샘플: 322쪽

모둠을 구성하여 각 모둠별로 곱 암호에 대해 1에서 25까지의 수 중 어떤 수가 좋은 키인지를 정하여라. 각 모둠에서는 다음을 하여라.

a 조사하기 위해 4에서 25 사이의 수 중 짝수 1개와 홀수 1개를 선택하여라. 두 수 중 한 수는 크고, 다른 수는 작은 수가 되도록 선택한다.

b 선택한 두 수를 곱셈키로 사용해 암호표를 만들어라. 두 수 중 어떤 것이 좋은 곱셈키인가?

c 친구들의 자료와 여러분의 자료를 함께 정리한 다음 살펴본 뒤 어떤 수들이 좋은 키가 되는지를 말해 주는 패턴을 설명하여라.

학생들은 서로 협력하여 어떤 수들이 좋은 키가 되고, 어떤 수들이 나쁜 키인지를 알아냈다. 그들이 알아낸 패턴은 각각의 수와 26의 공약수들이 서로 관계가 있었다.

"우리가 알아낸 패턴이 공약수와 관련이 있다고 하니 수학시간에 배웠던 서로소가 생각나." 댄이 기억을 더듬으며 말했다. "서로소를 활용해야 될까?"

1을 제외한 공약수를 갖지 않는 두 수를 서로소라고 한다. 예를 들어, 15와 26은 서로소이다. 하지만 15와 20은 5가 두 수의 공약수이므로 서로소가 아니다. 이때 두 수가 소수가 아니더라도 서로소가 될 수 있다는 점에 주의해야 한다.

"좋아." 릴라가 말을 받았다. "서로소를 이용해 말하면 26과 서로소인 수를 좋은 키라고 해."

26과 공약수를 갖는 키로 곱해서 암호를 만들면 문자들이 반복되어 나타나는 이유가 궁금해 보다 자세히 살펴보기 위해 10을 곱해 봤다.

$$10 \times 0 = 0$$
$$10 \times 1 = 10$$
$$10 \times 2 = 20$$
$$10 \times 3 = 30 \equiv 4 \ (\text{mod } 26)$$

여기까지는 별 문제가 없어 보인다. 하지만 26의 약수 중 하나인 13에 도달하면, 반복하기 시작한다.

$$10 \times 13 = 5 \times 2 \times 13 = 5 \times 26 \equiv 0 \ (\text{mod } 26)$$

따라서 0과 13은 같은 것으로 암호화된다. 그것은 26의 약수들 중 하나(이 경우에는 13)가 10의 약수들 중 하나(이 경우에 2)와 결합하여 26이 되었기 때문이다. 그러나 그것이 전부가 아니다. 그 수들은 계속 반복된다. 14는 1과 같은 문자로 암호화되고, 15는 2

와 같은 문자로 암호화되며, 16은 3과 같은 문자로 암호화된다.

$$10 \times 14 = 10 \times (13+1) = (10 \times 13) + (10 \times 1)$$
$$\equiv 0 + 10 \ (\text{mod } 26)$$
$$\equiv 10 \ (\text{mod } 26)$$
$$10 \times 15 = 10 \times (13+2) = (10 \times 13) + (10 \times 2)$$
$$\equiv 0 + 20 \ (\text{mod } 26)$$
$$\equiv 20 \ (\text{mod } 26)$$
$$10 \times 16 = 10 \times (13+3) = (10 \times 13) + (10 \times 3)$$
$$\equiv 0 + 30 \ (\text{mod } 26)$$
$$\equiv 4 \ (\text{mod } 26)$$

암호는 서로 다른 모든 문자(수)로 암호화되어야 하므로 이것은 좋은 키가 될 수 없다. 10과 26이 공약수를 가지고 있어 문제가 발생한 것이다.

"계속 생각해 봤는데, 나의 할아버지는 러시아 출신인데 할아버지께서 러시아어는 33개의 알파벳으로 되어 있다고 말씀해 주셨어. 그렇다면 러시아에서 곱 암호를 이용해 암호문을 작성하면, 영어에서와 똑같은 수들이 좋은 키가 될까?" 제시가 뜻밖의 말을 꺼냈다.

"그건 아닐 거야." 댄이 대답했다. "예를 들어, 13은 33과 서로소이기 때문에 러시아어에서는 좋은 키이지만, 영어에서는 나쁜

키야."

댄의 말이 옳다. 모든 언어가 26개의 알파벳으로 되어 있는 것은 아니다. 따라서 알파벳의 수가 다르므로 좋은 키가 되는 수 역시 다르다. 일반적으로 다음과 같은 규칙이 성립한다.

어떤 수가 알파벳의 개수와 서로소이면, 그 수는 곱 암호에 대해 좋은 키가 된다.

"다른 키들이 필요하다고 해서 꼭 다른 언어를 다루지 않아도 돼." 릴라가 말했다. "때때로 나는 암호문을 작성할 때 구두점을 포함시켰어. 그래서 암호표를 만들 때 26개의 문자에 마침표(.), 콤마(,), 물음표(?), 빈칸( )을 추가하면 모두 30개의 문자로 구성된 '알파벳'을 갖는 셈이 돼. 따라서 이때의 좋은 키는 26개의 문자로 만드는 암호에서의 좋은 키와는 달라."

문제

1 a 3곱 암호표를 완성하여라(Tip: 빨리 곱하기 위해 3씩 더해 채워도 된다).

  b 다음은 에비에가 3곱 암호로 작성한 암호문이다. 이것을 해독하여라.

  JAN, Y ENQO OVAF UQI OZQFM

  c   양쪽 끝에 one foot이 있고, 가운데에도 one foot이 있는 것은?

  A UAZJCFYGE

해답 323p

2 a 2곱 암호표를 만들어라.

  b 2곱 암호를 이용해 단어 ant와 nag를 암호화하여라. 여러분의 답변 중 색다른 것이 있는가?

  c 2곱 암호를 이용해 암호화할 때, 같은 문자로 암호화되는 문자들을 서로 짝지어 나타내어라. 예를 들어, a와 n은 모두 A로 암호화되며, b와 o는 C로 암호화된다.

  d 2곱 암호를 이용해 암호화할 때, 같은 문자들로 암호화되는 서로 다른 단어를 짝지어 나타내어라.

  e KOI는 한 개 이상의 서로 다른 단어로 해독된다. 해독할 때 나타날 수 있는 단어를 써 보아라.

  f 2곱 암호는 좋은 암호라고 할 수 있을까? 그렇다면 그 이유는 무엇인가? 또 그렇지 않다면 그 이유는 무엇인가?

3 a 5곱 암호표를 만들어라.

    b-c 5곱 암호표를 이용해 다음 두 암호문을 해독하여라.

  b **FU MWHU QSW XWR QSWH ZUUR ON RJU HOEJR XDAKU, RJUN MRANP ZOHI.**

–에이브러험 링컨

  c **RJU OIXSHRANR RJONE OM NSR RS MRSX CWUMROSNONE**

–알버트 아인슈타인

4 a 13곱 암호표를 만들어라.

　 b 13곱 암호를 이용해 input과 alter를 암호화하여라.

　 c 13곱 암호가 좋은 암호라고 할 수 있는가? 그렇다면 그 이유는 무엇인가? 또 그렇지 않다면 그 이유는 무엇인가?

5 다음 두 수 중 서로소인 것은 어느 것인가?

　 a 3과 12　　　 b 13과 26　　　 c 10과 21

　 d 15와 22　　　 e 8과 20　　　 f 2와 14

6 a 26과 서로소인 것을 3개 써라.

　 b 24와 서로소인 수를 3개 써라.

7 다음 각 언어에 대해 좋은 곱 암호 키들은 어떤 것들이 있는가?

　 a 러시아어: 33개의 문자

　 b 26개의 영어 문자와 마침표, 콤마, 물음표, 빈칸으로 이루어진 릴라의 알파벳

　 c 한국어: 24개 문자

　 d 아라비아어: 28개 문자. 이 알파벳은 아라비아어, 쿠르드어, 페르시아어, 우르두어(파키스탄의 주 언어) 등 약 100개의 언어를 쓰는 데 사용된다.

　 e 포르투칼어: 23개 문자

8 다음 각각에 대해 암호표를 만들고, 암호문을 해독하여라.

a 7곱 암호

UKP OXAPADOCP EW YXAD YC VU

YXCN YC DXENS NU UNC EW ZUUSEDQ.

– H. 잭슨 브라운 주니어

b 9곱 암호

PLK EWGP KZLAYGPUNC PLUNC UN VUTK

UG JKUNC UNGUNSKXK.

– 앤 모로 린드버그

c 11곱 암호

IS GNYI IZAB IS AFS, LMB NYB IZAB

IS CAE LS.

– 윌리엄 셰익스피어

d 25곱 암호(힌트: $25 \equiv -1 \pmod{26}$.)

HTW ZWUSNNSNU SI HTW OMIH

SOLMJHANH LAJH MV HTW EMJQ

– 플라톤

9 문제 8에서 작성한 암호표를 살펴보아라.

a a는 어떤 문자로 암호화되었는가? 이것은 모든 곱 암호에서 같은가? 여러분이 푼 답에 대한 이유를 제시하여라.

b n은 어떤 문자로 암호화되었는가?

도전 문제 이것은 모든 곱 암호에서 같음을 보여라.

힌트: 모든 곱셈 키가 홀수이므로, 모든 키는 짝수＋1처럼 나타낼 수 있다.

비밀번호

많은 사람들이 물건을 주문하고 대금을 지불하기 위해 인터넷을 활용한다. 인터넷으로 대금을 지불하기 위해서는 은행계좌에 들어갈 수 있는 승인을 받기 위해 비밀번호를 입력해야 한다. 다른 누군가가 여러분의 계좌에 들어가 돈을 꺼내가는 것을 원치 않기 때문에 필요한 보안조치이다.

누군가가 모든 은행 고객들의 비밀번호 파일을 훔친다면 어떤 일이 일어나게 될까? 그는 모든 계좌에 들어가기 위해 고객들의 비밀번호를 사용하려 할 것이다. 하지만 걱정 마시라. 은행은 다른 사람이 사용하도록 비밀번호를 저장할 만큼 부주의하지 않기 때문이다. 비밀번호를 암호화하는 것은 물론 암호화된 형태로만 저장한다.

여러분이 계좌에 들어가기 위해 키보드로 비밀번호를 입력하면, 컴퓨터는 여러분이 입력한 것을 암호화한 뒤, 은행에 암호화된 형태로 저장되어 있는 비밀번호와 비교한다. 두 비밀번호가 일치하면 계좌에 들어갈 수 있다. 하지만 누군가가 비밀번호 파일을 훔친다고 하더라도 그는 단지 암호화된 여러분의 비밀번호를 가지고만 있게 될 것이다. 그가 키보드로 입력하면, 컴퓨터는 그가 입력한 것을 암호화한다. 그러나 그것은 저장된 것과 일치하지 않는다. 그가 입력한 것은 암호화되기 전의 비밀번호 원문이 아닌, 암호문으로 저장된 비밀번호이기 때문이다. 따라서 해커는 여러분의 계좌에 들어가지 못한다.

그런데 여러분도 여러분의 비밀번호를 누군가가 훔쳐갈 것을 걱정하는 대신, 적절한 비밀번호를 채택하도록 조심해야 한다. 생일이나, 주민번호, 전화번호처럼 짐작하기 쉬운 것을 비밀번호로 선택하면 누군가가 그것을 추측하게 될 것이다. "BIRD"와 같은 통상적인 단어를 사용하면, 해커는 일치하는 것을 발견할 때까지 사전에 나오는 모든 단어를 적용하여 비밀번호를 찾으려고 할 것이다. 컴퓨터를 사용하면 매우 빠른 시간 안에 찾아낼 수도 있다. 이것을 방지하기 위해서는 1B2I3R4D와 같이 숫자와 문자를 혼합하여 비밀번호를 만드는 것이 좋다. 그것은 사전에 들어 있지 않기 때문이다.

역원을 사용해 해독하기

암 호클럽은 매번 모일 때마다 간단한 보물찾기 놀이로 시 작했다. 오늘은 팀이 보물을 숨길 차례였다. 팀은 다른 회원들이 도착하기 전에 적당한 두 곳을 찾아 모두 깜짝 놀랄 만 한 것을 놓아두었다. 그러고는 장소에 대한 단서(키)로 칠판에 **DYS DAS**와 **FQT CVMHP**라고 적어두었다.

"키가 3인 곱 암호를 사용했어." 팀이 다른 회원들이 도착하자 설명했다. "너희들이 3곱 암호표를 사용하지 않고 암호문을 해독 했으면 해."

"암호화하기 위해 더했을 때는 해독하기 위해 뺄셈을 했어." 아 비가 추론했다. "따라서 만일 팀이 곱셈을 사용해 암호화했다면, 해독하기 위해 나누면 될 거야."

"먼저 **DYS DAS**를 해독해 보자." 아비가 제안했다. 문자들을 수로 바꾸자 3, 24, 18   3, 0, 18이 되었다.

"이제, 각각의 수를 3으로 나누면 우리가 구하고 있는 것을 보게 될 거야" 아비가 3으로 나눈 결과 1, 8, 6   1, 0, 6이 되어. 그 수들을 문자로 되바꾸자 **big bag**이 되었다.

그들은 교실의 한쪽 구석에서 큰 가방을 찾아 안을 살펴보고 팀이 숨겨둔 보물을 찾았다.

"그다지 어렵지 않아. 이제 팀의 두 번째 단서를 살펴보자." 에비에가 **FQT CVMHP** 중 첫 번째 문자인 **F**를 선택해 조사하며 설명했다.

"**F**는 5에 대응이 돼. 팀은 5 mod 26을 얻기 위해 몇몇 수를 3으로 곱했어. 따라서 그 수로 되돌아가려면 5를 3으로 나누면 돼."

"그러나 어떻게 그렇게 할 수 있지?" 베키가 물었다. "5÷3은 정수가 아니잖아."

"그게 문제야." 에비에가 맞장구를 쳤다. "mod 26의 경우에는 단지 0에서 25까지의 정수만을 사용해."

"그러니까, mod 26에서는 어떻게 나누지?" 베키의 질문에 에비가 골똘히 생각하며 말했다.

"내가 알고 있는 것보다 단서가 더 필요해."

 역원

보통의 산술에서는 3으로 곱한 것을 다시 되돌리기 위해서는 3

으로 나누면 된다. 화살표를 사용해 나타내면 다음과 같다.

$$5 \xrightarrow{\times 3} 15 \xrightarrow{\div 3} 5$$

이것을 식으로 나타내면 다음과 같다.

$$(5 \times 3) \div 3 = 5$$

또 $\frac{1}{3}$로 곱하는 방법도 있다. $\frac{1}{3}$로 곱하는 것은 3으로 나누는 것과 같다. 이것을 다음과 같이 화살표를 사용해 나타내면 같은 수로 시작하여 같은 수로 끝나는 것을 알 수 있다.

$$5 \xrightarrow{\times 3} 15 \xrightarrow{\times \frac{1}{3}} 5$$

이것을 식으로 나타내면 다음과 같다.

$$(5 \times 3) \times \frac{1}{3} = 5$$

먼저 3으로 곱한 다음 다시 $\frac{1}{3}$을 곱하는 것은 시작했던 것으로 되돌아가게 한다. 결합법칙에 따라 어떤 순서로도 곱할 수 있다.

$$(5 \times 3) \times \frac{1}{3} = 5 \times \left(3 \times \frac{1}{3} \right)$$

$3 \times \frac{1}{3} = 1$이므로 $5 \times \left(3 \times \frac{1}{3} \right)$은 5×1과 같다.

3의 곱셈에 대한 역원$^{\text{multiplicative inverse}}$은 다음을 만족하는 수 n을 말한다.

$$3 \times n = 1$$

$3 \times \frac{1}{3} = 1$이므로 3의 곱셈에 대한 역원은 $\frac{1}{3}$이다. $\frac{1}{5} \times 5 = 1$이므로 $\frac{1}{5}$의 곱셈에 대한 역원은 5이다.

일반적인 산술에서, 어떤 수의 곱셈에 대한 역원은 그 수의 역수이다. 분수의 역수를 찾으려면 분수의 분자와 분모를 바꾸면 된다. 이를테면 3을 분수 $\frac{3}{1}$으로 쓰면, 분자 3과 분모 1을 바꾸어 3의 역수를 구할 수 있다.

"팀은 단서를 암호화하기 위해 3을 곱하고 mod 26에 따라 수를 환산했어. 우리는 나누는 것이 문제였기 때문에, 팀이 시작했던 것으로 되돌아가기 위해서는 3의 역원으로 곱하면 돼." 베키가 조사한 것을 설명했다.

"하지만 모듈러 산술에서는 $\frac{1}{3}$이 없어. 단지 정수만을 사용하잖아." 아비가 문제점을 발견했다.

"어쩌면 역원의 역할을 하는 다른 수가 있는지도 몰라. 3으로 곱할 때 1 mod 26이 되는 수 말이야." 베키가 말했다.

mod 26에서 3의 역원은 다음을 만족시키는 0에서 25 사이의 수이다.

$$3 \times n \equiv 1 \ (\text{mod } 26)$$

아비는 그런 수가 있는지 알아보기 위해 곱하기 시작했다.

$$3 \times 2 = 6$$
$$3 \times 3 = 9$$
$$3 \times 4 = 12$$
$$3 \times 5 = 15$$
$$3 \times 6 = 18$$
$$3 \times 7 = 21$$
$$3 \times 8 = 24$$
$$3 \times 9 = 27 \equiv 1 \pmod{26}$$

"바로 이거야." 아비가 큰 소리로 외쳤다. "3×9가 바로 1 mod 26이야. 따라서 9가 mod 26에서 3의 역원이야."

"9가 역원처럼 작용하는지 확인해야 하니 9를 더 조사해보자." 베키가 조심스럽게 말했다.

그들은 4에 3을 곱한 다음, 그 값에 9를 곱하고 다시 mod 26에 따라 수를 환산했다. 그러자 시작했던 그 수로 되돌아갔다.

$$4 \xrightarrow{\times 3} 12 \xrightarrow{\times 9} 108 \equiv 4 \pmod{26}$$

"우리가 역원을 발견했어. 이걸로 팀의 단서를 해독하면 돼."

아비와 베키는 다음과 같은 중요한 사실을 알게 되었다.

어떤 암호문이 키를 곱해서 암호화된 것이라면, mod 26에서 키의 역원을 곱하여 해독할 수 있다.

여학생들은 팀의 두 번째 단서 **FQT CVMHP**를 계속해 살펴보았다. 첫 번째 문자인 **F**는 5와 대응된 문자이다. 팀이 암호화하기 위해 3을 곱했으므로 여학생들은 해독하기 위해 9를 곱했다. 9가 3의 mod 26 역원이기 때문이다. 여학생들은 다음과 같이 계산했다.

$$5 \times 9 = 45 \equiv 19 \,(\text{mod } 26)$$

그런 다음 19를 문자 **t**로 바꾸었다. 팀이 준 단서의 첫 번째 문자를 해독한 것이다.

문제

1 일반적인 산술에 따라 다음을 계산하여라.

a $2 \times \dfrac{1}{2}$ b $\dfrac{1}{4} \times 4$ c $7 \times \dfrac{1}{7}$

2 다음을 완성하여라.

a $3 \xrightarrow{\times 2} 6 \xrightarrow{\times \frac{1}{2}}$?

b $6 \xrightarrow{\times 3} 18 \xrightarrow{\times \frac{1}{3}}$?

c $2 \xrightarrow{\times 5} 10 \xrightarrow{\times ?} 2$

d $4 \xrightarrow{\times 6} 24 \xrightarrow{\times ?} 4$

해답 326p

3 3으로 곱한 다음 9를 곱하면(또 mod 26에 따라 그 값을 환산하면), 시작했던 곳 으로 되돌아가게 된다는 아비의 생각을 확인해 보아라.

a 6 $\xrightarrow{\times 3}$ 18 $\xrightarrow{\times 9}$ 162 ≡ [?] (mod 26)

b 2 $\xrightarrow{\times 3}$ [?] $\xrightarrow{\times 9}$ [?] ≡ [?] (mod 26)

c 10 $\xrightarrow{\times 3}$ [?] $\xrightarrow{\times 9}$ [?] ≡ [?] (mod 26)

4 팀의 두 번째 보물은 어디에 숨겨져 있는가? 보물을 찾기 위해 팀의 단서 해독을 마쳐라.

해답 326p

🔒 모듈러 역원 구하기

모듈러 산술에서 역원을 구하는 것이 일반적인 산술만큼 쉽지 않지만, 역원을 구하는 방법은 여러 가지가 있다. 그중에는 간단한 것도 있지만 그렇지 않은 것도 있다. 앞에서 만든 곱 암호표를 사용하면 mod 26에서의 역원을 구하는데 도움이 된다.

예를 들어, 다음은 3곱 암호표이다. 세 번째 가로줄은 두 번째 가로줄의 수에 3을 곱하여 나타낸 것이다. 이 표에 따르면 $9 \times 3 \equiv 1 \pmod{26}$임을 할 수 있다. 이것은 3과 9가 mod 26에서 서로 역원이 됨을 말해준다.

원문	a	b	c	d	e	f	g	h	i	j	k	l	m	n	o	p	q	r	s	t	u	v	w	x	y	z
수	0	1	2	3	4	5	6	7	8	9	10	11	12	13	14	15	16	17	18	19	20	21	22	23	24	25
×3(mod)	0	3	6	9	12	15	18	21	24	1	4	7	10	13	16	19	22	25	2	5	8	11	14	17	20	23

3곱 암호

아비는 3의 모든 곱의 결과들을 표로 만들지 않고도 3의 역원을 찾을 수 있다는 것을 알게 되었다. $27 \equiv 1 \pmod{26}$이므로, $27 = 3 \times 9$을 인수분해하여 3과 9가 서로 역원임을 알아낸 것이다. 서로 역원이 되는 또 다른 수들을 찾기 위해, 아비는 1 mod 26과 합동인 수들을 적은 다음, 그 수들의 약수를 조사했다. 다음은 1 mod 26과 합동인 수들이다.

27, 53, 79, 105, 131

53이나 79는 인수분해할 수 없었다. 두 수가 소수이기 때문이다. 하지만 105는 인수분해할 수 있었다. 아비는 105의 약수를 이용해 서로 역원인 수들을 찾아냈다.

이미 알고 있는 서로 역원이 되는 수들 각각의 음수를 조사함으로써 보다 많은 역원들을 찾을 수 있다. 예를 들어, $-3 \equiv 23 \pmod{26}$, $-9 \equiv 17 \pmod{26}$이고 다음이 성립하므로 23과 17은 서로 역원이 된다.

$$23 \times 17 \equiv (-3) \times (-9) \pmod{26}$$
$$\equiv +(3 \times 9) \pmod{26}$$
$$\equiv 1 \pmod{26} \text{ (3과 9는 서로 역원이기 때문)}$$

♥ 수업활동

암호문 잇기 게임

곱 암호를 활용해 이름이나 짧은 메시지를 암호화한다. 이때 "좋은" 키를 사용하도록 한다. 여러분이 사용한 키를 친구들에게 알려준다. 해독하는 방법은 그들 스스로가 정한다(주의: 이번에는 암호표를 사용하는 것이 아닌, 곱해서 암호화하고 해독하도록 한다).

문제

5 이미 만들어놓은 여러 곱 암호표를 조사하여라. 세 번째 줄에서 1이 들어 있는 세로줄을 찾아라. 이것을 사용해 mod 26에서 서로 역원이 되는 수들을 찾아보아라.

6 $5 \times 21 = 105 \equiv 1 \pmod{26}$이므로, 5와 21은 서로 mod 26에서 역원이 된다. 105를 다음 방법으로 인수분해하고, 이를 이용해 mod 26에서 서로 역원이 되는 수들을 찾아라.

7 다음은 21을 곱하여 암호화한 것이다. 해독하기 위해 곱하여라(힌트: 문제 6에서의 21의 역원을 참고한다).

A UMXX BMNLO A UAK.   ─오리슨 스웨트 마든

8 이미 찾은 서로 역원이 되는 수들의 음수를 조사하여 서로 역원이 되는 또 다른 수들을 찾아라.

9 mod 26에서 25의 역원은 무엇인가? (힌트: $25 \equiv -1 \pmod{26}$)

해답 326p

10 a 여러분과 반 친구들이 찾아낸 서로 역원이 되는 수들을 모두 적어보아라(이것은 암호문을 해독할 때 도움이 될 것이다).

b 서로 역원이 되지 않는 수들은 어떤 것들인가?(mod 26에서 모든 수들이 역원을 갖는 것은 아니다)

c 1과 25 사이의 수들 중 mod 26에서 역원을 갖는 수들이 나타내는 패턴을 설명하여라.

11 도전 문제 mod 26에서 짝수가 역원을 갖지 않는 이유를 설명하여라.

역원을 곱하여 문제12와 13을 풀어라.

12 일류 학자들에 의해 어떤 단어가 잘못 발음되고 있는가?

    16, 23, 22, 13, 2

13 다람쥐를 잡기 위한 가장 좋은 방법은 무엇인가?

    4, 9, 16, 24, 15   0
    25, 21, 8, 8   0, 13, 19
    0, 4, 25   9, 16, 20, 8
    0   13, 14, 25.

14 도전 문제 다음 알파벳 중의 하나에 대해 역원들을 조사하여라. 서로가 역원이 되는 수들을 모두 찾아라.

    a 러시아어: 33개 문자

    b 영어 알파벳, 마침표, 콤마, 물음표, 빈칸: 30개 문자

    c 한국어: 24개(알아둘 일: 이 문자의 경우 역원에 대해 특별한 점을 발견하게 될 것이다).

🔒 곱 암호 해독하기

"에비에가 아비에게 보낸 쪽지를 발견했어. 에비에는 아마도 우리가 최근에 알게 된 곱 암호를 사용했을 거야. 문제는 내가 키를 모른다는 거야." 댄이 비밀스런 표정으로 말했다.

"그것을 해독해 보자. 도전은 항상 즐거워." 팀이 말했다.

"곱 암호는 대체 암호의 일종이야. 빈도분석을 하면, 키가 없어도 돼." 댄이 의견을 내놨다.

"좋아, 각 문자의 출현빈도를 조사해 보자. 가장 많이 사용된 문자는 **U**야. 그러면 **U**를 e로 대체하자. 다음으로 많이 사용된 문자는 **R**이야. **R**을 t라고 추측하는 것이 적절해 보여." 팀이 동의하며 메시지 위에 그가 추측한 문자들을 썼다.

"출발이 좋아. 하지만 암호문의 길이가 짧아서 모든 문자들을

추측할 만큼의 충분한 정보를 얻기가 어려워." 팀이 말했다.

"그렇지만 단어 t_e는 아마도 **the**일 거야. 그리고 __eet는 **meet**일지 몰라. **J**를 **h**로 **I**를 **m**으로 대체해보자." 댄이 말했다.

그 결과 암호문의 일부 문자가 다음과 같이 대체되었다.

```
meet me   t the
IUUR IU AR RJU DOFHAHQ
```

"어쩌면 **A**는 **a**가 아닐까? 그러면 암호문은 **meet me at the**로 시작되잖아." 팀이 말했다.

"**A**는 **a**임에 틀림없어. 곱 암호로 암호문을 작성했다면 말이야." 댄이 맞장구를 쳤다. "하지만 마지막 단어를 알아낼 만한 정보가 없어."

"만약 암호문이 곱 암호로 작성된 것이라면 에비에가 곱한 키를 알아내기 위해 식을 사용할 수 있어. 방금 **m**이 **I**로 대체된 것을 추측했잖아. **m**은 12에 대응하고, **I**는 8에 대응하니까 키에 12를 곱하면 8(mod 26)이 되어야 해." 팀이 말했다.

$$키 \times 12 \equiv 8 \,(\text{mod } 26)$$

"따라서 12의 역원을 양변에 곱하면 키를 발견할 수 있어."

"하지만 12는 짝수야. 그래서 mod 26에서 역원이 없어." 댄은 팀의 방법이 맞지 않는다고 생각했다.

"좋아, 다른 문자를 알아보자." 팀이 말했다. "t가 암호문 **R**로 암호화된 것이라고 추측했었는데, **t**가 19에 대응하고, **R**이 17에 대응하니까 키에 19를 곱하면 17(mod26)이 되어야 해."

$$키 \times 19 \equiv 17 (mod\ 26)$$

"19가 역원을 가지고 있기 때문에 이거라면 풀 수 있어. mod 26에서 19의 역원은 11이야. 그러므로 양변에 11을 곱하고 19×11 mod 26＝1임을 활용하기로 하자."

$$키 \times 19 \times 11 \equiv 17 \times 11 (mod\ 26)$$
$$키 \times 1 \equiv 187 (mod\ 26)$$
$$키 \equiv 5 (mod\ 26)$$

"그것은 암호키가 5라는 것을 뜻해. **DOFHAHQ**를 해독하기 위해 5의 역원인 21을 곱하면 돼. 첫 번째 문자 **D**는 3에 대응되니까 해독하기 위해 21을 곱하면 다음과 같아."

$$21 \times 3 = 63 \equiv 11 (mod\ 26)$$

"이때 11이 l문자에 대응하므로, **D**로 해독하면 돼."

짝수와 13에 주의해야 한다. 아니면 자칫 여러분이 속을 수 있다. 예를 들어, e가 Y로 암호화된 것을 알아낸 암호문을 가지고 있다고 해보자. 이때 e는 4에 대응하고 Y는 24에 대응하므로, 다음이 성립한다.

$$키 \times 4 \equiv 24 \pmod{26}$$

위의 식에 의해 6이 키라고 생각할 수도 있다. 하지만 6은 곱 암호의 키가 될 수 없다. 6이 26과 서로소가 아니기 때문이다. 이 식의 경우 또 다른 예로 19가 있다. $19 \times 4 \equiv 24 \pmod{26}$이기 때문이다. 이것만이 바로 키가 될 수 있다.

이와 같은 문제점을 예방하기 위해서는, 식을 쓸 때 13을 제외한 홀수에 대응하는 원문 문자를 선택해야 한다.

문제

15 에비에의 쪽지에는 어디에서 만나자고 하고 있는가? 해독을 마무리하여 알아보아라.

16 다음의 암호문은 곱 암호로 작성된 것이다. 암호문에서 몇 개의 문자들은 해독되어 있다. 각 문자에 대해, 키가 포함된 식을 쓰고, 이 식을 풀어 키를 구하여라. 키의 역원을 사용해 해독하고, 여러분이 해독하는 과정을 설명하여라.

```
      i t e  i t              e   t t      e  e
a  QXUPK  UP  WN  IWYX  LKAXP  PLAP  KHKXI

      i  t e e t        i  t e e
   BAI  UG  PLK  JKGP  BAI  UN  PLK  IKAX.
```

–랠프 월도 애머슨

b   the e t   t   h e e   e
   ZBI PIKZ SAW ZC EBIIV WCOVKIJX OR QK

        t   t   t   h e e   e   e e e
   ZC ZVW ZC EBIIV KCYICNI IJKI OR.

–마크 트웨인

17 다음 두 암호문 각각에 대해 가장 많이 사용된 문자를 찾아라. 이 정보를
   활용하거나 다른 추론을 통해 암호문의 몇몇 문자를 추측한 다음 식을 풀
   어 암호키를 구하고, 키의 역원을 사용해 해독하여라.

a **A HOYYCQCYV YOOY VFO RCLLCUSTVG CN
   OPOBG KHHKBVSNCVG; AN KHVCQCYV YOOY
   VFO KHHKBVSNCVG CN OPOBG RCLLCUSTVG.**

–윈스턴 처칠

b **JTGAJ A SAN AO RG MO, ANL RG UMXX
   TGSAMN AO RG MO. JTGAJ A SAN AO RG
   QIEXL VG, ANL RG UMXX VGQISG URAJ RG
   ORIEXL VG.**

–랠프 월도 애머슨

해답 327p

독일의 에니그마 암호

영국 암호 전문가들의 기술은 제2차 세계대전에서의 승리에 큰 공헌을 했다. 영국이 독일인들조차도 알지 못하는 독일의 비밀코드(에니그마 암호)를 알아냈기 때문이다. 영국은 암호를 통해 독일 잠수함의 위치를 알아냈고, 이 정보를 바탕으로 영국에 물자를 공급하는 미국의 함선들이 독일 잠수함을 피해 무사히 영국에 도착할 수 있었다.

독일은 암호문을 작성하기 위해 에니그마라는 기계를 사용했다. 에니그마는 타자기처럼 보이지만, 타이프 쳐진 메시지를 암호화하기 위해 체계적이고 복잡한 방법으로 함께 작동하는 암호 원통과 전선을 가지고 있다.

1930년대 유명한 폴란드 수학자 마리안 레예프스키가 독일의 암호문을 분석하여 초기의 에니그마 암호 해독 방법을 알아차렸다. 독일이 폴란드를 침공하기 직전, 폴란드는 에니그마에 대한 정보를 영국에 넘겼다. 덕분에 영국의 수학자 알랜 튜링을 포함한 암호 전문가들은 폴란드 수학자들의 연구내용을 바탕으로 새로운 애니그마 암호를 해독할 수 있었다. 또한 영국은 에니그마 암호를 해독하기 위해 사용된 계산 시스템을 바탕으로 세계 최초의 전자 컴퓨터인 콜로서스를 개발했다.

에니그마 암호의 해독으로 연합군은 전쟁을 치르는 동안 독일의 잠수함들을 포획할 수 있었다. 당시 미국이 포획한 잠수함 중 하나가 당시의 에니그마 기계, 코드북과 함께 시카고의 과학산업박물관에 전시되어 있다.

잠수함 내부를 살펴보면 에니그마 기계가 선장의 침대 바로 맞은편 중요한 통신실에 놓여 있는 것을 볼 수 있다. 암호문을 작성하거나 해독할 때 사용된 코드북은 선장의 침대 위 캐비닛에 넣어 자물쇠로 잠가 놓았다. 잠수함이 포획되기 전 승무원이 코드북을 미처 파기하지 못한 나머지, 잠수함과 더불어 코드북과 에니그마 기계마저 적의 손에 들어가게 되었던 것이다.

영국은 이 코드북을 통해 암호를 해독하는 데 중요한 추가 정보를 얻을 수 있었다.

아핀 암호

댄과 팀은 자신들이 작성한 암호문을 다른 사람들이 해독할 수 없도록 암호를 자주 바꾸기로 했다. 그들은 더하기(시저) 암호와 곱 암호에서 키들을 바꿀 경우 얼마나 많은 다른 암호들이 만들어지는지가 궁금해졌다.

그들은 키를 매일 바꾼다고 하더라도 서로 다른 암호를 많이는 갖지 못할 것이라고 생각했다. 심지어 두 달을 채우지 못할 수도 있다. 그래서 곱셈과 덧셈을 결합할 경우 서로 다른 암호를 몇 개나 만들 수 있는지 궁금해졌다.

아핀 암호는 덧셈과 곱셈을 결합하여 만든 암호다. 아핀 암호를 만들기 위해서는 먼저 좋은 곱셈 키 m(즉, m은 26과 서로소인 수이다)과 덧셈 키 b를 선택해야 한다. 이 암호를 (m, b) - 아핀 암호라 하며, (m, b)가 바로 이 아핀 암호의 키가 된다.

(m, b)-아핀 암호로 암호화하기 위해서는 m으로 곱하고 b를 더한 다음, mod 26에 따라 수를 환산하면 된다.

문자 s를 (3, 7)-아핀 암호로 암호화하기 위해서는 먼저 **s**를 대응하는 숫자 18로 바꾼다. 그런 다음 3을 곱하고 7을 더한다. 그러면 $3 \times 18 + 7 = 61$이 된다. 이것을 mod 26에 따라 환산하면 9가 되며 이것은 **J**에 대응된다.

수식을 사용해 아핀 암호를 설명할 수도 있다. 문자를 대응하는 수로 바꾼 후, 다음의 식을 사용해 원문의 수를 암호문의 수 Y로 암호화한다.

$$Y = (mx + b) \bmod 26$$

"mod 26"이 없으면, 이 식을 일반적인 산술에서 직선의 방정식으로 생각할 수도 있다. "아핀^{Affine}"은 이와 같은 꼴의 방정식에 사용되는 수학 용어이기 때문에 이 암호를 아핀 암호라 부른다.

(3, 7)-아핀 암호에서, m = 3, b = 7이므로 암호식은 Y = $(3x + 7) \bmod 26$이다. 이 식을 사용해 **s**와 대응하는 수 18을 암호화할 수 있다. $x = 18$을 대입하면 다음과 같은 식이 된다.

$$Y = (3 \times 18 + 7) \bmod 26$$
$$= (54 + 7) \bmod 26$$
$$= 61 \bmod 26$$
$$= 9 \bmod 26$$

9가 문자 **J**에 대응하는 수이므로, **s**는 **J**로 암호화된다.

1 만들 수 있는 서로 다른 더하기 암호는 모두 몇 개인가? 즉, 서로 다른 더하기 암호의 키가 될 수 있는 수는 모두 몇 개인가? 그렇게 답한 이유를 설명하여라.

2 만들 수 있는 서로 다른 곱 암호는 모두 몇 개인가? 즉, 서로 다른 곱 암호의 키가 될 수 있는 수는 모두 몇 개인가? 그렇게 답한 이유를 설명하여라.

3 (3, 7)－아핀 암호를 사용해 단어 "secret"을 암호화하여라.

4 (5, 8)－아핀 암호를 사용해 단어 "secret"을 암호화하여라.

5 아핀 암호들 중에는 우리가 이미 탐구한 암호와 같은 것이 있다.

   a (3, 0)－아핀 암호와 같은 다른 암호는 어떤 것인가?

   b (1, 8)－아핀 암호와 같은 다른 암호는 어떤 것인가?

6 댄과 팀이 매일 다른 아핀 암호를 만들기 위해 키를 바꾸면 1년 동안 매일 서로 다른 암호를 만들 수 있는가? 설명해 보아라.

7 슈슈에게 시계에서 발견되는 곤충은 무엇인가?

   답 ((3, 7)－아핀 암호로 암호화) **M F N L J**

🔒 아핀 암호 해독하기

아핀 암호로 작성한 암호문은 어떻게 해독할까?

암호화한 단계들을 단지 원래대로 되돌리면 된다. 마지막 단계에서 시작하여 되돌아가면 되는 것이다. 덧셈을 되돌리기 위해서는 빼면 되고, 곱셈을 되돌리기 위해서는 곱셈키의 역원을 곱하면 된다.

(m, b)-아핀 암호를 해독하기 위해서는 먼저 b를 빼고 mod 26에 대해 m의 역원을 곱하면 된다.

방금 전에 살펴보았던 $(3, 7)$-아핀 암호를 조사하고 해독할 수 있는지 알아보자. $(3, 7)$-아핀 암호에 따라 먼저 3을 곱하고 7을 더해서 **s**를 **J**로 암호화했다. 이제 **J**로부터 시작하여 되돌아가기로 하자.

먼저 **J**를 9로 바꾼 다음, 7을 빼고 mod 26에 따라 3의 역원인 9를 곱한다. 그러면 $(9-7) \times 9 = 18$이 된다. 이때 18은 mod 26에 따라 수를 환산하더라도 18이 되며, 이것은 s에 대응된다.

학년말이다. 날씨가 화창하다. 릴라와 베키는 농구팀 여학생들을 위한 파티를 열기로 하고, 연습이 끝나자 발표했다. "파티를 열 거야. 계획이 다 세워지면, 릴라의 사물함에 암호문으로 작성된 초대장을 붙여 놓을게. 키 $(5, 2)$를 사용한 아핀 암호를 사용할 거야. 키를 기억해. 하지만 다른 사람에게는 말하지 마."

파티 계획이 완성되자, 그들은 릴라의 사물함에 암호문을 붙였다.

🔒 **방정식을 풀어 암호 해독하기**

남학생들이 파티에 대한 소문을 들었다. 그들은 릴라의 사물함에 붙여져 있는 암호화된 초대장을 보고 해독하기로 했다. 최근 암호클럽에서 아핀 암호에 대해 이야기했기 때문에 릴라가 어떤 암호를 사용했는지는 곧 알아차렸다. 그러나 어느 누구도 아핀 암호의 해독 방법을 몰랐다. 그래서 시도해 보기로 했다.

"좋아, 아핀 암호가 식 $Y = (mx + b) \bmod 26$이라는 것을 알고 있어. m과 b를 알아낼 수만 있다면, 그들이 사용한 암호를 알 수 있으니까 해독할 수 있을 거야." 팀이 말했다.

"암호문의 어느 일부분이라도 알아낼 수 있지 않을까?" 피터가 생각난 듯이 말하자 팀이 대답했다.

"수가 있는 부분을 살펴보자. '2 ZK' 말이야. 메시지에서 수는 2뿐인 것으로 보아 시작 시간일지 몰라. 새벽 2시에 파티를 시작할 수는 없어. 따라서 분명 오후 2시일 거야. 그렇다면 **p**는 **Z**

로, **m**은 **K**로 암호화된 것이야. 아하! 매우 유용한 정보네. 어쩌면 그것을 활용해서 아핀 암호를 해독할 수 있을지도 몰라."

"**Z**에 대응하는 수는 25이고, **p**에 대응하는 수는 15야." 팀이 계속 말을 이어갔다. "15를 25로 암호화한 것이니까 다음과 같이 나타낼 수 있어"

$$25 \equiv m \times 15 + b \,(\mathrm{mod}\,26)$$

"또 문자 **m**이 **K**로 암호화되었다는 단서가 있잖아. 이것은 12를 10으로 암호화했다는 것을 말해. 따라서 다음과 같은 식을 쓸 수 있어." 피터가 식을 적었다.

$$10 \equiv m \times 12 + b \,(\mathrm{mod}\,26)$$

"2개의 미지수가 포함되어 있는 2개의 일차방정식이야. 수학시간에 일차방정식 푸는 법을 배웠는데, 어쩌면 위의 식들도 같은 방법으로 풀면 될 거야. 해보자."

남학생들은 2개의 미지수가 들어 있는 일차연립방정식을 푸는 2가지 방법을 알고 있었다. 그들은 어느 한 방정식에서 다른 한 방정식을 빼서 푸는 방법을 더 편하게 생각해 그 방법을 적용하여 다음과 같이 나타내었다.

$$25 \equiv 15m + b \ (\text{mod } 26)$$
$$- \ ) \ 10 \equiv 12m + b \ (\text{mod } 26)$$
$$15 \equiv 3m + 0 \ (\text{mod } 26)$$

따라서

$$15 \equiv 3m \ (\text{mod } 26)$$

피터와 팀은 양변에 3의 역원인 9를 곱했다.

$$9 \times 15 \equiv (9 \times 3)m \ (\text{mod } 26)$$
$$135 \equiv 1m \ (\text{mod } 26) \text{이며}, \ (9 \times 3 \equiv 1 (\text{mod } 26) \text{이므로})$$
$$135 \equiv m (\text{mod } 26) \text{이 되어 결국}$$
$$5 = m$$

라는 것을 알게 되었다. 그들은 첫 번째 방정식에 $5 = m$을 대입했다(두 번째 등식에 $m = 5$를 대입해도 같은 답을 얻게 된다).

$$25 \equiv 5 \times 15 + b \ (\text{mod } 26)$$
$$25 \equiv 75 + b \ (\text{mod } 26)$$
$$-50 \equiv b \ (\text{mod } 26)$$
$$2 \equiv b \ (\text{mod } 26)$$

"우리가 해냈어." 팀이 말했다. "그들의 암호키를 알아냈어. $m=5$이고 $b=2$야. 따라서 여학생들의 암호는 $Y=(5x+2)$ mod 26임에 틀림없어. 2를 빼고 mod 26에서 5의 역원인 21을 곱하면 해독이 될 거야. 서둘러 암호문을 해독해 보자."

여학생들의 암호를 해독한 후, 피터와 팀은 노트에 여학생들에게 남길 메시지를 암호화했다. 그리고는 릴라의 사물함에 붙이고 여학생들이 그것을 알아내는지를 기다렸다.

아핀 암호를 해독하기 위해 피터와 팀의 방법을 사용해도 된다. 암호문에서 2개의 문자를 알아내면, 두 개의 식을 세울 수 있다. 일반적인 산술에서 방정식을 푸는 것과 같은 방법으로 그 방정식들을 풀면 된다. 하지만 나누지는 말고 모듈러 역원을 곱해야 한다.

때때로 한 문자로 구성된 단어나 두 문자로 구성된 단어를 조사하여 다른 몇 개의 문자를 알아낼 수도 있다. 또 암호문에서 이름과 같은 단어를 추측해낼 수도 있으며, 몇 개의 문자를 추측하기 위해 빈도분석을 해도 된다.

보통 위의 방법들이 꽤 잘 적용되지만, 몇 가지 문제들이 생길 수도 있다. 문자를 대체할 때 틀리게 추측하여 식을 세울 수도 있다. 방정식은 제대로 풀었지만 26과 서로소가 아닌 수가 m의 값이 될 수도 있다. 이 경우에 그 값은 키가 될 수 없다. 이것은 여러분이 다른 문자로 대체해야 한다는 것을 말해주고 있는 것이다.

옳은 문자를 추측할 수도 있지만, 계수가 역원을 가지고 있지 않아 해결할 수 없는 방정식이 세워질 수도 있다(이런 상황은 곱 암호를 해독할 때도 나타났다). 만일 등식을 쓸 때 한 개는 홀수에 대응하는 문자, 또 다른 한 개는 짝수에 대응하는 문자를 선택하면 이 문제를 방지할 수 있다(피터와 팀은 15와 12에 각각 대응하는 p와 m을 사용했다). 그러면 $m \times$(홀수)가 포함된 방정식을 풀게 될 것이다. 13을 제외한 홀수이면 역원을 이용해 이 방정식을 풀 수 있다.

8 여학생들의 초대장을 해독하여라.

9 다음은 아핀 암호로 작성한 암호문이다. 몇 개의 문자들이 해독되어 있다. 각 암호문에 대해, 암호키 (m, b)를 포함한 방정식을 나타내고, 그 식을 풀어 m과 b의 값을 구하여라. 그런 다음 암호문을 해독하여라.

a
    e   e   en
MCZRN HZYJWDMI MPYAEN RY ICRWIVK

  e e   n nee   n   e e
MJMZK GCP'I PMMD, LAR PYR MJMZK

  n   e e
GCP'I EZMMD.

-마하트마 간디

b
  i a a   t   a   a   i a a
S GY G UKWWMUU PORGQ BMWGKUM S XGR G

   i   i a i
HZSMTR AXO BMDSMFMR ST YM GTR S

  i t a   t   a t t   t i
RSRT'P XGFM PXM XMGZP PO DMP XSY ROAT.

-에이브러험 링컨

10 a 234쪽의 피터와 팀이 작성한 암호문의 몇몇 문자들을 추측하여라. 그런 다음 2개의 방정식을 풀어 m과 b의 값을 구하여라.

b 피터와 팀이 작성한 암호문을 해독하여라.

해답 328~329p

11 다음은 아핀 암호로 작성한 암호문이다. 문자의 출현빈도나 임의의 다른 정보를 활용하여 몇 개의 문자들을 알아내어라. 문자 대체를 이용해 방정식을 나타내어라. 방정식을 풀어 키(m, b)를 구하여라. 그런 다음 암호문을 해독하여라.

a BOIOINOB RAT ARZM TA KEM TPO BYGPT TPYRG
YR TPO BYGPT JZEWO, NCT XEB IABO FYXXYWCZT
KTYZZ, TA ZOELO CRKEYF TPO UBARG TPYRG ET TPO
TOIJTYRG IAIORT.

−벤저민 프랭클린

b RY XDP CBEJ BO BSSKJ BOU R CBEJ BO
SSKJ BOU TJ JIFCBONJ ACJLJ BSSKJL
ACJO XDP BOU R TRKK LARKK JBFC CBEJ DOJ
BSSKJ. QPA RY XDP CBEJ BO RUJB
BOU R CBEJ BO RUJB BOU TJ JIFCBONJ
ACJLJ RUJBL, ACJO JBFC DY PL TRKK
CBEJ ATD RUJBL.

−조지 버나드 쇼

해답 329p

아트바쉬

매우 초기 형태의 대체는 히브리어로 된 성경에서 이루어 졌다. 첫 번째 히브리 알파벳 א ^{aleph} 와 마지막 히브리 알파벳 ת ^{tav} 을 교체하고, 두 번째 히브리 알파벳 ב ^{beth} 과 마지막 히 브리 알파벳의 바로 한 글자 앞 알파벳 ש ^{shin} 을 교체하는 방 식으로 대체했다. 영어라면 a와 Z를 교체하고, b와 Y를 교 체하며, c와 X를 교체하는 방식이다.

알파벳을 거꾸로 기입하여 다음과 같은 대체표를 만들 수 있다.

a	b	c	d	e	f	g	h	i	j	k	l	m	n	o	p	q	r	s	t	u	v	w	x	y	z
z	Y	X	W	V	U	T	S	R	Q	P	O	N	M	L	K	J	I	H	G	F	E	D	C	B	A

아트바쉬라는 이름은 그 자체가 암호를 설명하고 있다. 그 것은 문자들이 aleph-tav-beth-shin와 같은 방식으로 교 체된다는 것을 말해 준다. 이 문자들을 발음하면 A-T-B- Sh가 된다. 바로 이것이 아트바쉬라 부르게 된 이유이다. 만일 영어에서 문자들이 교체되는 방법에 따라 암호의 이름을 붙였 다면, AZBY가 되었을 것이다.

성서 학자들은 아트바쉬가 어떤 말의 비밀을 지키는 것이 아닌, 성스러운 일을 전달하기 위해 성서에서 사용되어왔다고 생각한다. 그러나 중세시대에서는 유럽의 수도사들을 자극하여 대체 암호를 개발하도록 하였으며, 유럽에서는 암호학에 대한 새로운 관심을 갖는 계기가 되었다.

현대 암호 수학

소수 찾기

암 호클럽 회원들은 다음에 연구할 내용을 협의하기 위해 기획회의를 가졌다.

"이젠 현대에서 쓰는 암호를 배웠으면 좋겠어. 지금까지 우리가 공부한 암호는 수백 년 전 것이잖아." 제시가 말했다.

"동감이야." 베키가 고개를 끄덕였다. "옛날 암호를 배우는 것도 재밌지만 요즘 암호는 더 복잡해지고 있어. 또 해독하기가 너무 쉬운 오래된 암호들은 컴퓨터가 만들고 있어."

다행히, 팀이 현대 암호에 관한 책을 조금 읽은 적이 있어 설명했다. "우선, RSA 암호는 현대 암호 중 가장 많이 알려진 것이야. 1977년 발명자인 로날드 리베스트 Ronald Rivest, 애디 샤미르 Adi Shamir, 레오나르도 아델만 Leonard Adelman 의 첫 글자를 따서 이름을 만든 것이야. 그것은 소수를 활용해. 그것도 매우 큰 소수 말이야.

그리고 모듈러 산술에서 수들을 거듭제곱하는 것과도 관련이 있어."

"RSA에 관해 배울 수 있을 만큼 우리가 충분한 수학적 지식이 있을까?"제니가 걱정스러운 듯이 물었다.

"소수에 관하여 알고 있는 것을 다시 살펴봐야 할 것 같아."팀이 말했다. "평소에 다루는 것보다 특히 큰 소수에 관해서 말이야. 그리고 모듈러 산술에서 수의 거듭제곱을 계산해야 해. 그것은 생각보다 훨씬 다루기 힘들어. 심지어 계산기를 가지고도 말이야."

"좋아, 앞으로의 모임에서 해야 할 일이 많다고 생각해야겠지? 우리가 준비가 되면 RSA에 대해 보다 구체적으로 살펴보기로 하고, 먼저 소수를 살펴보는 것부터 시작해보자."제시가 팔짱을 끼며 말했다.

클럽 회원들은 소수에 대해 어느 정도 기억하고 있었다. 그들은 2, 3과 같은 몇몇 작은 소수를 알고 있었지만, 팀은 RSA를 사용하기 위해서는 보다 큰 소수를 찾을 수 있어야 한다고 설명했다.

"나는 어떤 수가 소수인지를 말하는 것이 항상 어려워."피터가 한숨을 쉬며 말했다. "소수처럼 보이지만 소수가 아닌 수에 속은 적이 있었어. 91도 그중 하나야. 대부분의 사람들에게 91은 소수처럼 보이지만, $91 = 7 \times 13$으로 소수가 아니야."

"어떤 수가 소수인지를 알기 위해서는 먼저 그 수보다 작은 임

의의 수들로 그것이 나누어떨어지는지를 알아보면 돼." 베키가
말했다.

"맞아, 하지만 그 수가 크면 해야 할 일이 많아져." 피터가 문제
점을 말했다. "113을 예로 들어보자. 이것은 소수처럼 보여. 그러
나 113이 1과 자기 자신 외의 임의의 약수를 가지고 있는지를 알
아보기 위해, 113까지 모든 수들을 실제로 확인해 봐야 할까?"

"몇 개의 수를 확인해서 어떤 일이 일어나는지 알아보는 게 어
때?" 제니가 계산기를 꺼냈다.

"113은 2로 나누어떨어지지 않아. 113÷2가 정수가 아니기 때
문이지. 게다가 짝수도 아니라서 2로 나누어떨어질 리가 없어."

"113은 3으로도 나누어떨어지지 않아. 113÷3이 정수가 아
니기 때문이야. 또 각 자리의 숫자의 합도 3으로 나누어떨어지
지 않아."

"113은 4로도 나누어떨어지지 않아. 왜냐하면……"

"잠깐, 4는 확인해 보지 않아도 돼." 피터가 가로막았다 "113이
4로 나누어떨어지면, 그것은 2로도 나누어떨어져. 따라서 4는 확
인하지 않아도 돼."

제니가 말을 계속 이어갔다.

"113은 113÷5가 정수가 아니기 때문에 5로도 나누어떨어지
지 않아. 게다가, 5의 배수는 항상 0과 5로 끝나. 그것만으로도
113이 5의 배수가 아닌 것이 확실해."

"6도 확인해 보지 않아도 돼. 113이 6으로 나누어떨어지면, 2와 3으로 나누어떨어질 테니까. 그러니 아니라는 것은 이미 알고 있잖아."

"알아냈어. 113이 소수로 나누어떨어지는지만 확인하면 돼. 만약 113이 소수로 나누어떨어지지 않으면, 그 소수의 배수로도 나누어떨어지지 않아." 피터가 즐거운 목소리로 설명을 계속 이어갔다.

"따라서 113이 소수인지를 확인하기 위해, 113보다 작은 모든 소수들을 확인해보자. 그 다음 소수는 7이야."

"113은 7로 나누어떨어지지 않아. 113÷7은 정수가 아니거든."

"잠깐." 제니가 말했다. "더 많은 계산을 하기 전에 생각을 해보자." 제니와 피터는 생각을 먼저 하는 것이 종종 일을 해결하는 데 도움이 된다는 것을 알고 있었다. 그들은 수학을 좋아하지만, 그렇다고 필요 없는 일까지 할 생각은 없었다.

"다음 소수는 11이야." 제니가 생각한 것을 큰 소리로 말했다. "11×11＝121이므로 이것은 113보다 커."

"만일 두 수의 곱이 113이면," 피터가 추론을 했다. "적어도 그들 중 하나는 11보다 작아야 해. 만약 두 수가 모두 11 이상이면, 두 수의 곱은 121 이상이 될 거야."

"하지만 11보다 작은 소수들 중 어느 것도 113의 약수가 아니라는 것을 이미 알아봤잖아." 제니가 의견을 더했다. "따라서 우리는 더 이상 아무것도 확인할 필요없어. 113이 소수임에 틀림없어."

"113이 소수인지를 알아보기 위해, 단지 4개의 소수만을 확인하면 됐던 거지. 그 정도면 상당히 빨리 확인할 수 있어." 나온 결론에 즐거워하던 피터가 문득 떠오른 생각을 말했다. "그러나 이것도 패턴이 있을까?"

"물론이야. 11은 그 제곱이 113보다 큰 첫 번째 소수야." 제니가 패턴을 알아냈다. "따라서 보다 큰 수는 어떤 것도 확인하지 않아도 돼."

소수를 판정하는 간단한 방법

1 제수(나누는 수)가 소수인 경우를 확인한다.

2 제곱한 값이 확인 중인 수보다 큰 첫 번째 소수 p를 찾는다. 이때 p보다 큰 수는 어떤 것도 확인하지 않아도 된다(즉, 단지 확인 중인 수의 제곱근보다 작은 소수들만을 확인하면 된다).

"343을 어떤 수로 나누어 소수인지를 알아보려고 할 때, 확인해야 하는 가장 큰 소수는 무엇일까?" 제니가 궁금해하자 피터가 소수들을 곱하기 시작했다. 처음 몇 개는 곱한 값이 너무 작아 건너뛰었다.

$$11 \times 11 = 121$$
$$13 \times 13 = 169$$
$$17 \times 17 = 289$$
$$19 \times 19 = 361$$

"됐어." 결과를 확인한 피터가 말했다. "제곱한 값이 343보다 큰 첫 번째 소수는 19야. 따라서 규칙에 따라 단지 19보다 작은 소수들만 확인하면 돼. 343이 그 소수들로 나누어떨어지는지 말이야."

제니는 보다 큰 수로 확인해 보기로 했다. "1019가 소수일까?"

"$40 \times 40 = 1600$이야. 그것은 1019보다 커. 따라서 40보다 큰 소수들은 확인하지 않아도 돼."

"$30 \times 30 = 900$. 이것은 1019보다 작아. 따라서 30보다 큰 소수를 확인해 봐야겠어."

"$31 \times 31 = 961$. 여전히 1019보다 작아. 더 큰 수를 생각해야 해."

"$37 \times 37 = 1369$야."

"1019가 소수인가를 알아보기 위해서는 37보다 작은 소수들만 확인하면 돼." 제니가 결론을 내렸다. "31이 37보다 작은 마지막 소수이므로, 31까지만 확인하면 돼."

"나는 다른 방법으로 알아냈어. 계산기의 제곱근 키를 사용했어. 1019를 나누는 수를 찾을 때, 제곱한 값이 1019보다 작은 소수들만을 확인하면 되잖아. 이 수들은 바로 $\sqrt{1019}$ 보다 작은 소수들이야. 계산기의 제곱근 키를 누르면 $\sqrt{1019} \approx 31.92$ 야. 따라서 $\sqrt{1019}$ 가 31과 32 사이의 수이므로, 31보다 큰 수는 어떤 것도 체크하지 않아도 돼." 제시가 새로운 방법을 말했다.

문제

1 다음 중 소수인 것은 어느 것인가? 어떻게 알 수 있는지 설명하여라.

   a 343   b 1019   c 1369

   d 2417   e 2573   f 1007

해답 329p

 에라토스테네스의 체

소수를 찾는 방법 중 에라토스테네스의 체라 부르는 것이 있다. BC 230년경 북아프리카에서 살았던 그리스 수학자의 이름을 딴 것이다.

"체가 뭐지?" 에비에가 궁금해하자 아비가 설명해줬다. "스파게티 면을 물에서 건져 올릴 때 사용하는 여과기와 같은 거야."

에라토스테네스의 체는 합성수로부터 소수를 분리해내는 방법이다. 2로 나누어떨어지는 모든 수를 사선을 그어 지운 다음, 3으로 나누어떨어지는 수들도 사선을 그어 지운다. 이와 같은 방법으로 수를 계속 지워가면 1을 제외한 다른 수로 나누어떨어지지 않는 수들만이 남게 된다. 이 남아 있는 수들이 바로 소수이다.

 수업활동

에라토스테네스의 체

A   1은 소수가 아니므로 사선을 그어 지운다.

B   2는 소수이므로 2에 동그라미를 친다. 그런 다음 남아 있는 모든 2의 배수를 사선을 그어 지운다. 2의 배수는 소수가 아니기 때문이다.

C   3이 소수이므로 3에 동그라미를 친다. 그런 다음 남아 있는 모든 3의 배수를 사선을 그어 지운다. 3의 배수는 소수가 아니기 때문이다.

D   사선으로 지우지 않는 다음 소수에 동그라미를 친다. 그런 다음 남아 있는 그 수의 배수를 사선을 그어 지운다.

E   더 이상 동그라미를 치거나 사선을 그어 지울 수가 없어질 때까지 D단계를 반복한다.

* 259쪽 참조.

2 에라토스테네스의 체의 단계에 따라 1에서 50 사이의 모든 소수를 찾아라.

3 문제 2에서 각 단계에 따라 수를 지울 때, 보다 큰 소수의 배수가 이미 지워져 있는 경우를 볼 수 있다. 이때 보다 작은 수들에 의해 지워지지 않은 배수들을 가지고 있는 가장 큰 소수는 무엇인가?

4 a 에라토스테네스의 체를 사용해 1과 130 사이의 모든 소수를 찾아라. 매번 새로운 소수를 다룰 때마다 보다 작은 소수에 의해 이미 지워지지 않은 그 소수의 첫 번째 배수를 기록해 두어라(예를 들어, 소수가 3일 때, 생각해야 할 첫 번째 배수는 6이다. 하지만 그것은 이미 지워지고 없었다. 그러므로 9가 보다 작은 소수에 의해 아직 지워지지 않은 3의 첫 번째 배수이다).

   b 4a에서 여러분이 기록한 것을 살펴보아라. 임의의 소수에 대해 보다 작은 소수에 의해 이미 지워지지 않은 그 소수의 첫 번째 배수를 말하는 패턴을 설명하여라.

   c 체에 의한 방법을 적용하면 1과 130 사이의 소수에서 보다 작은 수들에 의해 지워지지 않은 배수들을 가지고 있는 가장 큰 소수는 무엇인가?

   d 사선을 그어 소수의 배수를 지운 후 소수만이 남게 되면 더 이상 지우지 않아도 된다. 언제 지우는 것을 멈출 수 있는가?

5 a 1과 200 사이의 소수를 찾기 위해 체 방법을 사용했다고 하자. 소수만을 남기기 위해 사선을 그어 어떤 소수의 배수를 지웠는지, 그 소수를 말하여라.

   b 1과 1000 사이의 소수를 찾기 위해 체 방법을 사용했다고 하자. 소수만을 남기기 위해 사선을 그어 어떤 소수의 배수를 지웠는지, 그 소수를 말하여라.

🔒 소수 세기

피터는 체를 사용해 1과 100 사이의 모든 소수를 찾았다. 그리고 다시 1과 1000 사이의 모든 소수들을 찾은 다음 오른쪽과 같은 표를 만들었다.

피터는 수가 클수록 각 구간의 소수의 개수가 적어진다는 것을 알았다. 그는 이 패턴이 계속되는지 궁금해 보다 많은 것을 알아보기 위해 도서관에 갔다.

그곳에서 소수들을 정리해 놓은 책을 발견한 피터는 책 속에서 정리해 놓은 소수의 개수를 세어 표에 추가했다.

구간	소수의 개수
1~100	25
101~200	21
201~300	16
301~400	16
401~500	17
501~600	14
601~700	16
701~800	14
801~900	15
901~1000	14

구간	소수의 개수
1~1000	168
1001~2000	135
3001~10000	72

"수가 점점 커지면 소수의 수가 점점 더 작아지는 것 같아." 피터가 정리한 표를 살펴보면서 말했다. "언젠가 소수가 더 이상 안 나오지 않을까? 와우. 그것은 가장 큰 소수가 있다는 것을 의미하잖아!"

"그렇지 않아." 릴라가 말했다. "네가 발견한 소수가 얼마나 큰지는 중요하지 않아. 항상 더 큰 소수가 존재하거든. 자 봐." 릴라가 노트에 적어가며 설명하기 시작했다.

"네가 현재 존재하는 모든 소수들의 목록을 가지고 있다고 하

자. 그 소수들을 모두 곱해 봐. 그러면 상당히 큰 수 $N = 2 \times 3 \times 5 \times 7 \times \cdots$이 될 거야. 이때 수 N은 목록에 들어 있는 모든 소수로 나누어떨어져. 그렇지?"

"물론이지. N은 목록에 들어 있는 모든 소수의 배수이기 때문이잖아." 피터가 대답했다.

"좋아, 이제 1을 더해 봐." 릴라가 계속 말을 이어갔다. "그러면 $N+1$이 될 거야. 이때 이 값은 2로 나누어떨어지지 않아."

"잠깐, 생각 좀 해보고." 피터가 계산을 시작했다. "2씩 더해서 세면 2의 배수가 돼. 따라서 2로 나누어떨어지는 N 이후에 나오는 첫 번째 2의 배수는 $N+2$야. 네 말이 맞아. $N+1$은 2로 나누어떨어지지 않아."

"좋아." 릴라가 고개를 끄덕였다. "$N+1$은 또한 3으로도 나누어떨어지지 않아. 3으로 나누어떨어지는 N 이후에 나오는 첫 번째 3의 배수는 $N+3$이기 때문이야."

"알았어." 피터가 말을 이어갔다. "비슷한 이유로, $N+1$은 목록에 들어 있는 어떤 소수로도 나누어떨어지지 않아."

"맞아, 그리고 그것은 $N+1$이 소수이거나 또는 목록에 없는 소수로 나누어떨어진다는 것을 의미해. 따라서 틀림없이 다른 소수가 존재해."

"하지만 어떻게 그렇게 될 수 있지? 내가 존재하는 모든 소수의 목록을 가지고 있다고 네가 말했잖아."

피터는 낙담했다. 가장 큰 소수가 존재할지도 모른다는 생각에 내심 기뻐하고 있었기 때문이다. 반면에 릴라는 그렇지 않다고 피터를 납득시킬 수 있어 기분이 좋았다.

릴라가 설명한 것은 2000여 년 전에 이미 그리스인들에게 유클리드 정리로 알려진 것이었다.

유클리드 정리: 무한히 많은 소수가 있다.

🔓 소수를 찾기 위한 여러 가지 공식

암호클럽 학생들은 모든 소수를 산출해내는 식을 찾을 수 있을지 궁금해졌다. 그러나 그런 공식은 없다. 대신 학생들은 일부 소수를 나타내는 몇 가지 공식이 있다는 것을 알게 되었다.

쌍둥이 소수는 p와 $p+2$꼴의 소수를 말한다. 3과 5, 11과 13은 쌍둥이 소수이다. 아무도 쌍둥이 소수가 무한히 많은지 또는 그렇지 않은지를 모르고 있다.

메르센 수는 $2^n - 1$꼴의 수이다. 1600년대 마랭 메르센은 이들 수에 관해 연구했다. 첫 번째 메르센 수는 $2^1 - 1 = 1$이고, 두 번째 메르센 수는 $2^2 - 1 = 3$이다. 지수 n이 합성수이면, 해당하는 메르센 수 역시 합성수이다. 그러나 지수 n이 소수이면, 해당하는 메르센 수는 소수이거나 또는 합성수이다.

예를 들어, 6은 합성수이고 $2^6 - 1 = 64 - 1 = 63$으로 이것 또한 합성수이다($63 = 3^2 \times 3$). 수 3은 소수이고 $2^3 - 1 = 8 - 1 = 7$도 소수이다.

가장 큰 소수로 알려진 것들이 바로 메르센 소수이다. 실제로 사람들은 매우 큰 소수를 발견하기 위해 큰 메르센 수를 확인하고, 이 수가 소수인가를 알아보고 있다.

소피 제르맹 소수는 $2p + 1$이 소수가 되는 수 p를 말한다. 예를 들어, 2, 3, 5는 소피 제르맹 소수이지만 7은 아니다. 그것은 $2 \times 7 + 1 = 15$로 소수가 아니기 때문이다. 이 소수의 이름은 약 200여 년 전에 살았던 프랑스 수학자의 이름을 따서 붙인 것으로, 아무도 소피 제르맹 소수가 무한히 많은지 그렇지 않은지를 모르고 있다.

"이 특별한 수들이 우리에게 어떻게 도움이 될까?" 피터가 팀에게 물었다.

"RSA 암호의 키를 위해 큰 소수가 필요해. 그렇지 않으면 우리 암호는 너무 간단해서 해독하기가 쉬워. 메르센 소수, 소피 제르맹 소수, 쌍둥이 소수 또는 다른 특별한 소수를 확인하면 돼. 그것은 모든 수를 확인하는 것보다 더 쉬워." 팀의 대답에 에비에가 말을 이었다.

"좋은 생각이야. 대부분의 수들이 소수가 아니기 때문에, 모든 수를 확인하는 것은 시간낭비일 거야."

피터가 매우 흥분해서 암호클럽의 다음 모임에 참석했다.

"내가 뭘 읽고 있는지 알아? 일반인들이 새로운 소수를 찾았어. 1978년, 2명의 고등학생이 새로운 메르센 소수를 발견했는데 당시에는 그것이 가장 큰 소수로 알려졌어. 이 뉴스는 〈뉴욕 타임스〉의 제1면에 실렸어. 메르센 소수를 찾기 위해 지금 GIMPS에 참여할 수 있어. 2005년, 한 지원자가 7,816,230자리나 되는 메르센 소수를 발견했지 뭐야!"

"정말 크구나!" 팀이 감탄했다. "전에 내가 알고 있었던 가장 큰 수는 구골이야. 구골은 10^{100}으로 1 뒤에 0이 100개나 따르는 수야. 그래서 구골은 101자리의 수야. 그런데도 알려진 가장 큰 소수와 비교해 보니 작은 수에 불과해."

"사람들이 여전히 수학에 대해 새로운 사실을 발견해내고 있다는 것이 놀라워." 아비가 감탄의 한숨을 내쉬었다. "나는 모든 수학이 매우 오래 전에 발견된 것이라고 생각했거든."

아비는 수학이 수백여 년 전에 알아낸 학문이 아닌, 변화하는 학문이라는 것을 이해하지 못했다. 수학자들 중에는 컴퓨터로 가장 빨리 인수분해하는 방법과 같은 새로운 문제를 연구하는 이들도 있다. 예를 들어, 소수에 관한 가장 유명한 명제가 크리스티안 골드바흐$^{1690\sim1764}$에 의해 만들어졌다. 그것을 골드바흐의 추측이라 한다. 2보다 큰 모든 짝수가 두 소수의 합으로 되어 있다는 것으로, 예를 들어 $8 = 3 + 5$가 그것이다. 골드바흐의 추측을 간단하게 설명할 수 있다고 하더라도 그것이 참인지 또는 거짓인지를 아는 사람은 아직까지 없다.

6 a n^2-n+41식은 소수를 산출해내는 식 중 하나이다. $n=0, 1, 2, 3, 4,$ 5에 대해 이 식을 확인해 보아라. 항상 소수가 되는가?

  b 50보다 작은 수 중 식에 대입하여 계산한 결과 소수가 아닌 수는 무엇인가?

7 1과 100 사이의 수 중 쌍둥이 소수를 모두 찾아라.

8 $n=5, 6, 7, 11$에 대해 메르센 수를 찾아라. 이것들 중 어느 것이 소수인가?

9 2, 3, 5 외에 소피 제르맹 소수를 3개 이상 써라.

10 큰 소수를 찾아라(얼마만큼 커야 여러분 마음에 들지를 결정한다). 여러분이 그 수를 어떻게 선택했는지와 그 수가 소수인지를 어떻게 알고 있는지를 설명하여라.

11 a 골드바흐의 추측을 검증하여라. 2보다 큰 짝수를 여러 개 선택하여 두 소수의 합으로 각각 써라(이때 1은 소수가 아니므로 합으로 1을 사용하지 않는다).

  b 한 가지 방법 이상으로 두 소수의 합으로 쓸 수 있는 수를 찾아라.

해답 330p

GIMPS The Great Internet Mersenne Prime Search

1997년 와트만이 만든 GIMPS는 인터넷을 통해 무료로 다운로드할 수 있는 특별한 소프트웨어를 사용해 메르센 소수를 찾기 위해 자발적으로 참여한 지원자들이 공동으로 작업하는 프로젝트이다. 탐색 결과, 8개의 메르센 소수가 발견되었으며, 각각의 소수가 발견될 당시에는 그것들이 가장 큰 소수로 알려졌다.

GIMPS 프로젝트는 누구든지 참여할 수 있다는 점에서 흥미롭다. 학교 학생 전원이 참석하는 경우도 있었다.

여러분이 지원하게 되면, 먼저 소수를 찾기 위한 컴퓨터 프로그램을 다운받을 수 있다. 여러분이 다른 일을 하는 동안에도 컴퓨터는 프로그램을 가동시키며 무언가를 발견하면 여러분과 GIMPS 프로젝트가 바로 알도록 되어 있다.

현재 26번째 메르센 소수가 발견되었으며 랜던 커트 놀 Landon Curt Noll 이 발견자로 $2^{23209} - 1$이며 자그만치 13,395자리의 수이다. 이전의 가장 큰 소수는 $2^{21701} - 1$로 6,533자리 수이다.

GIMPS에 대해 더 많은 것을 알려면, 홈페이지 http://www. mersenne.org를 방문하면 된다.

1	2	3	4	5	6	7	8	9	10
11	12	13	14	15	16	17	18	19	20
21	22	23	24	25	26	27	28	29	30
31	32	33	34	35	36	37	38	39	40
41	42	43	44	45	46	47	48	49	50
51	52	53	54	55	56	57	58	59	60
61	62	63	64	65	66	67	68	69	70
71	72	73	74	75	76	77	78	79	80
81	82	83	84	85	86	87	88	89	90
91	92	93	94	95	96	97	98	99	100

에라토스테네스의 체

거듭제곱

암 호클럽 회원들이 탐구하기로 한 다음 주제는 모듈러 산술에서 수를 거듭제곱하는 것이다. 팀은 이것이 생각보다 매우 다루기 힘들 수도 있다고 경고했다. 그리고는 다음을 계산해 보라고 했다.

$$m = 18^{23} \bmod 55$$

"이 정도는 간단해." 제시가 말했다. "18과 23은 모두 상당히 작은 수에 속해. 계산기를 사용하면 별 어려움 없이 계산할 수 있을 거야."

하지만 그는 계산기 창을 보고 깜짝 놀랐다.

$$7.4347713614 \quad E28$$

그것은 과학 표기법으로 되어 있었다.

이 값은 $7.4347713614 \times 10^{28}$을 의미한다. 과학석 표기법으로 되어 있는 이 값을 표준 표기법으로 변환하려면 소숫점을 오른쪽으로 28번 이동한 다음, 모든 자리의 숫자를 나타내기 위해 뒤에 0을 추가하면 된다. 따라서 계산기에 의해 구한 값은 다음과 같다.

$$18^{23} = 74,347,713,614,000,000,000,000,000,000$$

"굉장히 큰 수야" 제시가 말했다. 계산기에는 그것을 모두 나타낼 만한 자리가 없었다. 그래서 처음 11자리의 유효숫자들만 보이도록 나타낸 것이었다.

댄은 다른 계산기로 계산을 해보았다. 이번에는 18^{23}을 다음과 같이 나타내었다.

7.4348 28

댄의 계산기 역시 과학 표기법으로 답을 나타내었다. 제시의 계산기에서처럼 "E"를 사용하지 않았지만 단지 5개의 유효숫자만으로 나타낸 것이었다. 댄의 계산기 표기법은 소숫점을 오른쪽으로 28자리만큼 이동하여 0을 붙였다는 것을 의미한다. 따라서 댄의 계산기에 따라 값은 다음과 같다.

$$18^{23} = 74,348,000,000,000,000,000,000,000,000$$

숫자들이 너무 많은 나머지 두 계산기는 창에 전체를 나타내지 못해 그 수를 대략적으로 나타낸 것이었다. 이런 방법은 수가 사용되는 많은 곳에서 활용되지만, 모듈러 산술에서는 그렇지 않다.

"이것은 별로 도움이 되지 않아." 실망한 제시가 말했다. "수를 mod 55에 관하여 환산하기 위해서는 정확한 수가 필요해. 그래야 나머지를 계산할 수 있거든. 대략적으로 나타내어진 수는 그 크기를 짐작할 수는 있지만, mod 55에서는 아무런 의미가 없어."

피터는 대화의 처음 부분을 듣지 못했지만 다른 친구들이 더 이상 진척이 없어 당황해하는 소리를 듣고 함께 해결해 보기로 했다.

"문제가 뭐니?" 피터가 물었다.

"계산기로 계산한 수가 너무 커서 다룰 수가 없어." 제시가 설명했다.

"하지만 너는 모듈러 산술로 계산하는 중이잖아. 그 수들은 작아. 너는 mod 55에 따라 계산하고 있잖아. 따라서 그 수들이 55보다 작지 않니?" 피터가 이상하게 생각하며 말했다.

"그래. 시작할 때는 그랬지, 하지만 거듭제곱을 하면 내가 환산하기에는 그 수가 너무 커져버려." 제시가 풀이 죽은 목소리로 설명했다.

"먼저 지수를 작게 하여 거듭제곱을 한 다음, 그 값을 바로 환산할 수 있잖아. 값이 매우 커지기 전에 말이야." 피터가 한 제안은 매우 좋은 생각이었다. 그래서 그들은 몇 가지 예로 계산해 보았다.

$$18^1 = 18$$

$$18^2 = 18 \times 18 = 324 \equiv 49 \ (\text{mod } 55)$$

$18^3 = 18 \times 18^2$ 여기서 18^2 대신 49를 쓴다.

$$= 18 \times 49 \ (\text{mod } 55)$$

$$= 882 \ (\text{mod } 55)$$

$$= 2 \ (\text{mod } 55)$$

$18^4 = 18 \times 18^3$ 여기서 18^3 대신 2를 쓴다.

$$= 18 \times 2 \ (\text{mod } 55)$$

$$= 36 \ (\text{mod } 55)$$

"좋아, 그래서 곱셈하는 횟수를 적게 하여 곱해야 해. 하지만 그것은 지수를 계산할 때 계산기에서 지수 버튼을 사용하지 않아도 된다는 것을 의미해. 18^{23}을 계산하기 위해, 23번을 곱해야 할까? 그건 너무 일이 많아." 댄은 여전히 실망스러워 했다.

"사실은 22번의 곱셈을 하는 거지. 하지만, 그것도 여전히 일이 많아." 제시가 맞장구를 쳤다. "또 지수가 매우 크면 어떻게 될까? 그 경우 정말 일이 많아지게 돼."

거듭제곱을 계산하기 위한 보다 빠른 방법이 있다. 지수가 큰 거듭제곱을 하기 위해 지수가 작은 거듭제곱을 결합하는 것이다. 가장 간단한 경우는 지수가 2, 4, 8, 16, ……과 같이 2의 거듭제곱이 될 때이다. 그때는 지수가 작은 거듭제곱을 반복하여 제곱함으로써 지수가 큰 거듭제곱을 계산한다. 예를 들어, 18^{16}을 계산하기 위해, 먼저 다음과 같이 182을 계산한다.

$$18^2 \equiv 49 \ (\text{mod } 55)$$
(우리는 전에 이것을 계산했다.)

다음으로, 18^2을 제곱한 다음 $18^2 \equiv 49$ (mod 55)로 대체하여 18^4을 계산한다.

$$18^4 = (18^2)^2$$
$$\equiv 49^2 \ (\text{mod } 55)$$
$$\equiv 2401 \ (\text{mod } 55)$$
$$\equiv 36 \ (\text{mod } 55)$$

여기에 18^2을 제곱하면 18^8이 된다. $18^4 \equiv 49$ (mod 55)로 대체한다.

$$18^8 = (18^4)^2$$
$$\equiv 36^2 \ (\text{mod } 55)$$
$$\equiv 1296 \ (\text{mod } 55)$$
$$\equiv 31 \ (\text{mod } 55)$$

18^{16}을 얻기 위해 이것을 제곱한다.

$$18^{16} = (18^8)^2$$
$$\equiv 31^2 \ (\text{mod } 55)$$
$$\equiv 961 \ (\text{mod } 55)$$
$$\equiv 26 \ (\text{mod } 55)$$

단지 4번의 곱셈만으로 18^{16}을 계산했다. 이 방법이 18을 몇 번이고 되풀이하여 곱하는 것보다 훨씬 빠름을 알 수 있다. 되풀이하여 곱하게 되면 18^{16}의 경우 15번의 곱셈을 하게 될 것이다.

"지수가 2, 4, 8, 16, ……과 같이 2의 거듭제곱일 때는 거듭제곱을 계산하기 위해 제곱의 방법이 유용하다는 것을 알겠어. 하지만 지수가 2의 거듭제곱이 아닌 때는 어떻게 해야 하지?" 제시가 물었다.

"2의 거듭제곱이 아닌 다른 지수를 나타내기 위해서는, 여러 개의 2의 거듭제곱을 결합하면 돼." 팀이 말했다. "18^{10}을 한번 해볼까?"

$$18^{10} = \underbrace{18 \times 18 \times 18 \times 18 \times 18 \times 18 \times 18 \times 18}_{18^8} \times \underbrace{18 \times 18}_{18^2}$$

$$18^{10} = 18^8 \times 18^2$$

"제곱의 방법에 의해, $18^8 \equiv 31 \,(\text{mod } 55)$이고 $18^2 \equiv 49 \,(\text{mod } 55)$임

을 알 수 있어. 이들 값을 대입하면, 다음과 같아."

$$18^{10} = 18^8 \times 18^2$$
$$\equiv 31 \times 49 \ (\text{mod } 55)$$
$$\equiv 1519 \ (\text{mod } 55)$$
$$\equiv 34 \ (\text{mod } 55)$$

"이제 18^{23}을 계산해 보기로 하자. 이것은 제곱의 방법으로는 해결할 수 없어. 하지만 2의 거듭제곱수를 사용해 23을 16+4+2+1로 쓸 수 있어. 따라서 18^{23}을 계산하기 위해 앞에서 했던 계산들을 결합하면 돼." 팀이 노트에 적어가며 말했다.

$$18^{23} = 18^{16} \times 18^4 \times 18^2 \times 18^1$$
$$\equiv 26 \times 36 \times 49 \times 18 \ (\text{mod } 55)$$
$$\equiv 936 \times 49 \times 18 \ (\text{mod } 55)$$

이제 첫 번째 부분을 환산하면 936 mod 55 = 1이야.

$$18^{23} = 1 \times 49 \times 18 \ (\text{mod } 55)$$
$$\equiv 882 \ (\text{mod } 55)$$
$$\equiv 2 \ (\text{mod } 55)$$

"와우, 그렇게 큰 수가 2 mod 55로 환산되었어." 제시가 감동한 목소리로 말했다.

팀이 배운 것을 요약했다. "계산을 위한 보다 좋은 방법을 생각해내면, 많은 계산을 보다 편리하게 할 수 있어."

문제

1 다음 수들을 계산하고, 값이 너무 커지기 전에 환산하여라.

  a $482^4 \bmod 1000$ b $357^5 \bmod 1000$

  c $993^5 \bmod 1000$ d $888^6 \bmod 1000$

2 a 제곱의 방법을 사용할 경우 $18^{32} \bmod 55$를 계산하기 위해 몇 번의 곱셈을 하게 되는가?

  b 18을 반복하여 곱할 경우, $18^{32} \bmod 55$를 계산하기 위해 몇 번의 곱셈을 해야 하는가?

  c 가장 적은 횟수의 곱셈을 하는 2a 또는 2b의 방법을 사용해 $8^{32} \bmod 55$를 계산하여라.

3 제곱의 방법을 사용해 다음 각 수를 계산하여라.

  a $6^8 \bmod 26$ b $3^8 \bmod 5$

  c $9^{16} \bmod 11$ d $4^{16} \bmod 9$

해답 331~332p

4 이 장에서 이미 계산했던 몇몇 거듭제곱들을 사용해 다음 각 값을 구하여라.

  a $18^6 \bmod 55$ b $18^{12} \bmod 55$ c $18^{20} \bmod 55$

5 a $n = 1, 2, 4, 8, 16$에 대해 $9^n \bmod 55$의 값을 각각 구하고 환산하여라.

  b 5a에서의 값을 결합하여 $9^{11} \bmod 55$을 계산하여라.

  c 5a에서의 값을 결합하여 $9^{24} \bmod 55$을 계산하여라.

6 a $n = 1, 2, 4, 8, 16$에 대해 $7^n \bmod 31$의 값을 각각 구하고 환산하여라.

  b $7^{18} \bmod 31$을 계산하여라.

  c 6a에서의 값을 결합하여 $7^{28} \bmod 31$을 계산하여라.

해답 $332 \sim 333$p

죽은 자는 말이 없다

　1993년 노르웨이에서는 중요한 역사적 자료 11,000개 이상을 전자복사파일로 보관하고 있었다. 그런데 그 파일은 관리하는 사무원이 죽자, 어느 누구도 데이터베이스에 접근할 수 없었다. 그것은 그가 어느 누구에게도 비밀번호를 알려주지 않았기 때문이다.

　이바 아센 언어문화센터의 사무원들이 비밀번호를 해독하려고 했지만 해독하지 못했다. 심지어 컴퓨터 기술자들로 팀을 구성하여 해독하려 했지만 실패했다.

결국 2002년, 센터의 관리자가 국영 라디오 방송에 출연하여 컴퓨터 해커들에게 시스템을 깨뜨리고 비밀번호를 찾아달라고 호소했다.

그러자 전 세계에서 약 25,000명이 답신을 보내왔으며, 그들 중 한 사람이 채 한 시간도 되지 않아 비밀번호를 보내왔다. 그것은 죽은 남자의 성^{last name}의 철자를 거꾸로 한 것이었다.

지금은 센터의 금고에 비빌번호를 적은 종이를 보관하고 있다.

PART
7

공개키 암호

RSA 암호체계

댄은 몇 주 동안 할머니댁을 방문하려고 한다. 그동안 제시에게 e메일로 메시지를 보낼 계획이다.

"혹시 내 여동생이 읽지 않았으면 하는 내용이 있을 때는 메시지를 암호문으로 작성해서 보내." 제시가 말했다.

"하지만 내가 어떤 키를 사용했는지 어떻게 알아낼 거야? e메일로 키를 보낼 수는 없어. 네 여동생이 읽을 수도 있잖아." 댄이 말했다.

제시는 잠시 이 문제에 대해 고민했다. "키를 보내는 것은 암호를 사용하는 사람이면 누구라도 문제가 돼. 만약 스파이들이 암호문을 가로챈다면 키도 얻게 돼. 정부, 회사, 주요한 메시지를 보관하고 있는 일반인들은 키를 어떻게 보낼까?"

이것은 매우 중요한 질문이다. 1970년대까지, 키 전달 문제는 모든 암호체계에서 중요한 기본 문제였다. 그러나 1975년, 휫필드 디피는 암호 분야에 큰 변화를 일으킬 발표를 했다. 그것은 꼭 비밀스럽게 키의 보안을 유지하지 않아도 된다는 것이었다.

그때까지 알려진 모든 암호체계와 우리가 지금까지 배워온 모든 암호에서, 암호키는 보안을 유지해야 했다. 암호화 방법을 알게 되면, 해독하는 방법도 알게 되기 때문이다. 예를 들어, 메시지를 보내는 사람이 3을 더해서 암호문을 작성했다는 것을 알게 되면, 메시지를 해독하기 위해 3을 빼야 한다는 것을 알게 된다. 그런데 디피는 암호키를 알아냈다고 하더라도, 암호키로부터 해독키를 알아낼 수 없는 암호시스템을 가지고 있을 경우에, 암호키는 꼭 보안이 지켜지지 않아도 된다고 생각했던 것이다.

암호키로부터 해독키를 알아내기가 매우 어려운 시스템을 공개키 시스템이라 한다. 이 시스템에서 암호키는 어느 누구에게나 알려도 된다. 이런 **공개키 암호**의 아이디어가 처음 알려졌을 때는 혁명적 사고로 받아들여졌지만, 그 방법을 적용한 암호체계를 가지고 있는 사람은 아무도 없었다. 1977년, 로날드 리베스트, 아디 샤미르, 레오나르도 아델만이 이 아이디어에 바탕을 둔 **RSA 암호**를 발명했다. 이 암호는 실행가능한 첫 번째 공개키 암호였으며 오늘날에도 여전히 사용되고 있다.

RSA 시스템에서는 암호문을 전달받는 사람이 암호키와 해독키를 모두 선택한다. 이 부분이 보내는 사람이 보통 암호키를 선택하여 암호문을 작성하고 받는 사람이 암호키가 무엇인지를 알아내어 해독하도록 하는 고전 암호시스템과 다른 점이다. 받는 사람은 자신의 키를 선택한 후, 전화번호부와 같은 키 열람부에 암호키의 목록을 적어놔도 된다. 그래서 누구라도 그것을 사용해 그에게 메시지를 보낼 수 있다. 그러나 이들 메시지를 해독하는 방법을 알고 있는 사람은 그 사람뿐이다.

팀은 RSA 암호 시스템에 대해 어느 정도 조사한 후 친구들에게 알려줄 준비를 하고 암호클럽의 다음 모임에 참석했다.

"RSA를 사용하기 위해서는 먼저 암호키를 선택해야 해. 두 개의 소수 p, q가 필요해. 예컨대 $p=5$, $q=11$라 하자." 팀이 설명했다.

RSA는 매우 큰 소수에서 가장 잘 작용한다. 하지만 팀은 클럽의 모든 학생들이 시스템을 이해하도록 하기 위해 작은 소수부터 시작하기로 했다.

"또 특별한 수 e가 필요해." 팀이 계속 말을 이어갔다. "e는 $(p-1)(q-1)$와 서로소인 수로 선택하면 돼."

팀은 $(5-1) \times (11-1) = 4 \times 10 = 40$을 계산하고, $e=7$을 선택했다. 7이 40과 서로소이기 때문이다. 40과 서로소인 다른 어떤 수도 e의 값이 될 수 있다.

"키의 첫 번째 부분은 p와 q의 곱이야. 이 곱을 n이라 하자. 우리의 예에서는 $n = p \times q = 5 \times 11 = 55$야."

"암호키는 순서쌍 (n, e)로 나타내."

"위의 예에서 암호키는 $(n, e) = (55, 7)$이고 이것이 바로 우리의 공개키야. 누구라도 이것을 사용해 우리에게 메시지를 보낼 수 있어."

팀은 암호화하는 방법을 큰 소리로 계속 설명했다.

"RSA를 사용하기 위해서는 먼저 메시지를 수로 바꾸어야 해. 수로 된 메시지 m을 키 (n, e)로 암호화하려면 다음을 계산해야 해."

$$C = m^e \bmod n$$

"따라서 누군가가 우리의 암호 키 $(55, 7)$을 사용해 우리에게 메시지를 보내려면, 다음을 계산해야 해."

$$C = m^7 \bmod 55$$

팀은 친구들에게 문자 j를 암호화하는 방법을 알려주었다. "한동안 우리가 해왔던 것처럼 먼저, 그 문자를 수로 바꾸어야 해." 그는 j를 9로 바꾸었다.

"다음은 mod 55를 계산해야 해."

"난 어떻게 계산하는지 알아!" 댄이 큰 소리로 말했다.

$$C = 9^7 \bmod 55$$
$$C = 4{,}783{,}969 \bmod 55$$
$$C = 4$$

"따라서 **j**는 4가 돼. 그렇지?" 댄의 말에 팀이 고개를 끄덕였다.
"맞아. 요약해 보자."

RSA 암호키 선택하기

- 두 개의 소수 p, q를 선택한 다음, $n = p \times q$를 계산한다.
- $(p-1) \times (q-1)$과 서로소인 수 e를 선택한다.
  암호키는 순서쌍 (n, e)이다. 이것을 공개키 암호라 한다.

RSA를 사용해 암호화하기

- 메시지를 수 메시지로 바꾼다.
- 수 메시지 m을 키 (n, e)로 암호화하기 위해, 다음을 계산한다.

$$C = m^e \bmod n$$

"이제 RSA 시스템을 사용해 암호화하는 방법을 알겠어." 댄이
말했다. "해독하는 방법도 알려줄 거지?"

"물론이지. 그건 암호화하는 것과 매우 비슷해. 4를 해독하려면
$4^d \bmod 55$를 계산해야 해. 이때 이 d가 바로 해독키야." 팀이 방
법을 설명했다.

"하지만, d의 값을 알려주지 않으면 해독할 수 없잖아." 아비가
의문점을 물어왔다.

"맞아! 그것이 RSA의 장점이야. 내가 너에게 암호키를 알려주
면, 너는 암호화된 메시지를 나에게 보낼 수 있어. 하지만 나는 해

독키는 알려주지 않아. 따라서 나 이외에는 아무도 메시지를 해독할 수 없어. 그러나 지금은 너희들에게 RSA 사용하는 방법을 알려주고 있기 때문에, d 찾는 법을 알려줄게." 팀의 설명은 계속되었다.

"내 암호키가 $(n, e) = (55, 7)$이라는 것을 기억하고 있어야 해. 우선, d를 계산하기 위해서는, $n = 55$의 약수들을 알아야 해. 이것은 앞에서 한대로 $p = 5$, $q = 11$이야. 또 $e = 7$의 값이 필요해. 이때 d는 $\mathrm{mod}(p-1)(q-1)$에서 e의 역원이야. 역원 d는 다음 식을 만족해야 한다는 것을 꼭 기억하도록 해."

$$ed \equiv 1 \ (\mathrm{mod} \ (p-1)(q-1))$$

"매우 복잡해 보여." 아비가 말했다.

"하지만 수로 대입하고 나면 그렇게 나쁘지 않아." 팀이 확신을 가지고 말했다. "식에 e, p, q의 값을 대입해 다음 식을 만족하는 d의 값을 구하면 돼."

$$7d \equiv 1 \ (\mathrm{mod} \ (5-1)(11-1))$$
$$\equiv 1 \ (\mathrm{mod} \ 4 \times 10)$$
$$\equiv 1 \ (\mathrm{mod} \ 40)$$

"따라서 7과의 곱이 1 mod 40으로 환산되는 수를 찾는 거지. 그렇지?" 아비가 물었다.

"그렇지." 팀이 긍정했다.

그들은 이 식을 만족하는 수를 찾아 아래와 같이 모든 곱셈을 시도해 보기로 했다.

$$7 \times 1 = 7$$
$$7 \times 2 = 14$$
$$7 \times 3 = 21$$
$$7 \times 4 = 28$$
$$7 \times 5 = 35$$
$$7 \times 6 = 42 \equiv 2 \ (\text{mod } 40)$$
$$7 \times 7 = 49 \equiv 9 \ (\text{mod } 40)$$
$$7 \times 8 = 56 \equiv 16 \ (\text{mod } 40)$$
$$\vdots$$
$$7 \times 22 = 154 \equiv 34 \ (\text{mod } 40)$$
$$7 \times 23 = 161 \equiv 1 \ (\text{mod } 40)$$

마침내 그들은 찾고 있는 $d=23$을 찾았다(팀은 모든 수를 다 곱하지 않고 보다 빠른 방식으로 d의 값을 찾을 수 있는 방법이 있는지 궁금해졌다. 하지만 그 방식에 대해서는 나중에 알아보기로 했다).

팀의 공개키는 (55, 7)이고, 비밀키는 $d=23$이다. 팀이 자신의 공개키를 가지고 암호화했던 메시지 4를 해독하기 위해서는 $m=4^{23} \bmod 55$를 계산해야 한다.

하지만 일일이 계산하는 것이 귀찮을 뿐더러 계산기로 계산하기에는 수가 너무 크다. 그래서 팀은 제곱의 방법을 적용하여 보다 쉽게 계산한 다음, 환산하여 다음과 같은 답을 구했다.

$$4^{23} \bmod 55 = 9$$

"알아냈어." 팀이 말했다. "4를 해독하면 수 9가 돼, 9는 j와 대응해. 따라서 j가 바로 우리가 처음에 시작했던 원문인 것이지."

RSA 해독키 찾기

- 암호키가 (n, e)(단, $n = pq$)이면 해독키(또는 private key)는 다음을 만족한다.

$$ed \equiv 1 \ (\bmod \ (p-1)(q-1))$$

바꿔 말하면, d는 다음 수의 역원이다.

$e \bmod (p-1)(q-1)$

RSA로 해독하기

- RSA 키 (n, e)와 d로 C를 해독하기 위해, 다음을 계산한다.

$$m = C^d \bmod n$$

"해독식은 암호화식과 상당히 같은 것처럼 보여." 에비에가 약간 어리둥절해하자 팀이 설명해줬다.

"비슷해. 두 식은 모두 거듭제곱으로 수를 크게 한 다음 mod n에 따라 환산해야 해. 해독하는 것도 암호화하는 것에 비해 조금도 어렵지 않아. 만일 해독키를 알고 있다면 말이야."

"그러면 왜 아무나 해독할 수 없는 거야?"에비에가 물었다.

"그것은 나의 해독키인 d를 모르기 때문이야."팀이 말했다. "하물며 그들은 나의 p와 q조차도 몰라. 단지 곱의 결과인 $n = p \times q$만을 말해줬기 때문이야. 공개키가 (n, e)라고 말할 때, p와 q는 전혀 알려주지 않거든. p와 q를 비밀로 해야 해. 이 것은 매우 중요해, 그렇지 않으면, d를 계산할 수 있게 되거든."

"그러면 어느 누구도 n을 인수분해해서 p와 q를 알 수 없다는 거야?"댄이 물었다.

"종종 그렇지."팀이 맞장구를 치듯이 말했다. "$n = 55$인 경우는 인수분해하기가 쉬워. 하지만 p와 q의 값이 매우 크면, 두 수의 곱인 n을 인수분해하기가 매우 어려워. 따라서 두 수 p와 q는 알지 못하게 되는 거지."

팀의 말이 옳다. 인수분해하는 것이 항상 쉬운 것은 아니다. 우리가 다루는 수는 실제 생활에서 활용되는 RSA 암호체계에서의 수들과는 비교도 안 될 만큼 작은 수이다. 메시지의 비밀을 지키기 위해, 200자리 이상의 소수를 사용하는 사람들도 있다. 이들 소수는 물론 두 수를 곱한 값 역시 매우 큰 수이다.

메시지를 안전하게 하는 이들 수를 인수분해하려면 매우 긴 시간(수천 년이 걸릴 수도 있다)이 걸린다. 그러나 컴퓨터의 속도가 빨라지고 인수분해하는 새로운 방법이 개발됨에 따라 언젠가는 적절한 시간 안에 이들 큰 수를 인수분해하게 될 수도 있다. 만일 그렇게 되면, RSA는 더 이상 안전한 암호가 되지 못한다. 하지만 그때가 되면 사람들은 다른 공개키 시스템을 생각해낼지도 모른다.

문제

1 팀의 RSA 공개 암호키 (55, 7)을 사용해 단어 fig를 암호화하여라 (먼저 $a=0$, $b=1$, $c=2$, ……를 사용해 문자들을 수로 바꾸어라).

2 ⏫ 다음을 설명하여라.

$4^{23} \bmod 55 = 9$

3 댄은 팀의 암호키 $(n, e) = (55, 7)$로 한 개의 단어를 암호화한 결과 4, 0, 8이 되었다. 팀의 해독키 $d=23$을 사용해 이들 수를 해독하고 댄이 암호화한 단어를 찾아라.

해답 333~334p

현대에서의 암호의 활용

약 30여 년 전까지만 하더라도, 암호는 대부분 군대나 외교 업무 등의 분야에서 사용되었다. 전쟁 중에 상대방의 비밀통신을 해독해 전투에서 승리하는가 하면, 몇몇 국가의 통치자들은 다른 국가의 통치자들이 알지 못하도록 서로 통신을 교환할 상황들이 많았다. 그러나 오늘날 암호는 일반 사람들의 생활 속에서 점점 중요한 자리를 차지해 가고 있다. 예를 들어, 암호는 은행의 자동현금인출기, 핸드폰, 인터넷 상에서 신용카드 번호와 같은 중요한 정보를 보호하기 위해 활용되고 있는 중이다.

암호는 비밀통신 유지는 물론, 받는 사람이 보낸 사람을 확실하게 알도록 하는 데에도 사용된다. 만약 은행에서 돈을 인출하려면, 은행은 메시지를 보낸 그 사람이 계좌의 주인인지를 증명할 수 있는 방법을 가지고 있다. 이 상황에서 은행이 고객의 신분을 확인할 수 있는 방법을 찾는 것은 보안 그 이상으로 중요하다.

암호는 e메일에서도 활용되고 있다. 비밀 유지가 필요한 메일들은 보내기 전에 컴퓨터에 의해 암호화된다. 보내는 사람이 매번 따로 시간을 들여 암호화를 하지 않아도 되는 것이다.

모듈러 연산에서
역원 구하기

"**방**금 RSA를 사용하기 위해 필요한 것에 대해 알아보았어. 맞지?" 에비에가 말했다.

"반드시 그렇지는 않아." 제니가 말했다. "해독키 d를 찾기 위해, 모듈러 역원을 찾아야 해. 그것은 그렇게 쉽지 않아. 모듈러 역원을 찾는 방법을 좀더 많이 알아야 해."

"앞에서 곱 암호를 탐구할 때 mod 26에서 역원을 찾지 않았니?" 아비는 이 모든 것이 비슷한 것처럼 들렸다.

"그건 사실이야." 제니가 차이점을 설명했다. "하지만 RSA에 대해 단지 mod 26에서의 역원뿐만이 아닌, 여러 mod에서의 역원을 찾아야 해."

"모듈러 산술에서 역원을 찾는데 도움이 될 인터넷 웹사이트를 알고 있어." 팀이 말했다. "지금까지는 그것을 활용했지만 어쩌면 우리 스스로 그것들을 찾을 수도 있어."

🔓 모듈러 산술에서 역원 찾기

클럽의 학생들은 자신들이 역원에 대해 알고 있는 것을 다시 재검토해 보았다.

어떤 수의 역원은 $ed=1$인 수 d를 말한다.

일반 산술에서는 역원을 쉽게 구할 수 있다. 예를 들어, $5 \times \frac{1}{5}$ $=1$이므로 5의 역원은 $\frac{1}{5}$이다. 그러나 모듈러 산술에서의 역원은 분수가 없기 때문에 달라진다.

"mod 7에서 5의 역원을 찾으면서 익히기로 하자." 제니가 의견을 내놓았다.

"mod 7을 다룰 때에는 0, 1, 2, 3, 4, 5, 6의 수만을 사용해. 이들 수 중 하나가 $5 \times d \equiv 1 \bmod 7$을 만족하면, 그 수가 바로 mod 7에서의 5의 역원이야."

"$5 \times 0 = 0$이므로 0이 5의 역원일 리는 없어(실제로 0은 역원이 결코 될 수 없다. 0에 어떤 수를 곱해도 항상 0이기 때문이다). 또한 $5 \times 1 = 5$ 이므로 1이 역원이 될 수도 없어. 그러니 5에 관한 다른 곱셈들을 살펴보기로 하자."

$$5 \times 2 = 10 \equiv 3 \ (\bmod \ 7)$$
$$5 \times 3 = 15 \equiv 1 \ (\bmod \ 7)$$

"바로 그거야! 5×3이 1 mod 7과 같아. 따라서 3이 바로 mod 7에서 5의 역원이야."

이것은 모듈러 산술에서 모든 수들이 역원을 갖는 것이 아니라는 것을 보여주고 있다. 실제로,

mod n에서 역원을 갖는 수는 오직 n과 서로소인 수들이다.

"mod 18에서의 5의 역원을 구해보기로 하자." 제시가 말했다.

"mod 18에서 역원을 갖는 수는 18과 서로소인 수들이야. 즉 1, 5, 7, 11, 13, 17이야. mod 18에서 5의 역원을 구하려면 이 수들만 확인하면 돼. 5×1=5이므로 1은 역원이 될 수 없어. 이 외의 다른 수들도 확인해 보자."

$$5 \times 5 = 25 \equiv 7 \ (mod\ 18)$$
$$5 \times 7 = 35 \equiv 17 \ (mod\ 18)$$
$$5 \times 11 = 55 \equiv 1 \ (mod\ 18)$$

"따라서 11이 mod 18에서 5의 역원이야. 역원을 찾기 위해 단지 몇 개의 수를 확인하면 돼."

"이것 참 재미있다! 이번에는 mod 180에서 7의 역원을 찾아보자." 흥미를 느낀 제니가 즐거워했다.

mod 180에서 7의 역원은 다음을 만족하는 수 d임을 명심한다.

$$7 \times d \equiv 1 \ (mod\ 180)$$

제니는 180과 서로소인 수들과 7을 곱하면서 d를 찾기 시작했다.

$180 = 2^2 \times 3^2 \times 5$이기 때문에, 180보다 작으면서 180과 서로소인 수들은 2, 3, 5로 나누어떨어지지 않는 수들이다. 즉 1, 7, 11, 13, 17, 19, 23, 29, 31, 37, 41, 43, 47, 53, 59, 61, 67, 71, 73, 77, …이다.

제니는 적당한 값을 찾을 때까지 위의 수들을 대입하여 계산해 보기로 했다.

$$7 \times 7 = 49$$
$$7 \times 11 = 77$$
$$7 \times 13 = 91$$
$$7 \times 17 = 119$$
$$7 \times 19 = 133$$
$$7 \times 23 = 161$$
$$7 \times 29 = 203 \equiv 23 \pmod{180}$$
$$7 \times 31 = 217 \equiv 37 \pmod{180}$$
$$\vdots$$

에비에는 제니의 방법이 너무 시간이 많이 걸리는 듯해 보다 빨리 찾을 수 있는 방법을 알아보기로 했다.

위의 여러 곱셈의 결과 어느 것이 1(mod 180)과 합동인지를 알아보기 위해 수들을 다 곱하는 대신, 1 (mod 180)과 합동인 수들을 정리해 보기로 했다. 그런 다음 그중에서 어떤 것이 7의 배수인지를 확인해 보기로 했다.

1(mod 180)과 합동인 수들은 다음과 같다.

$180 + 1 = 181$ $181 \div 7$은 정수가 아니기 때문에, 7로 나누어떨어지지 않는다. 따라서 181은 $7 \times d$가 될 수 없다.

$2 \times 180 + 1 = 361$ $361 \div 7$은 정수가 아니기 때문에, 7로 나누어떨어지지 않는다. 따라서 361은 $7 \times d$가 될 수 없다.

$3 \times 180 + 1 = 541$ 7로 나누어떨어지지 않는다. 따라서 361은 $7 \times d$가 될 수 없다.

$4 \times 180 + 1 = 721$ 7로 나누면 103이 된다. 따라서 $7 \times 103 = 721 \equiv 1 \pmod{180}$이다. 그것은 mod 180에서 7의 역원이 103이라는 것을 의미한다.

제니의 방법과 에비에의 방법 모두 모듈러 산술에서 어떤 수의 역원을 구하는 것을 보여주고 있다. '확장 유클리드 방법'이라는 역원을 구하는 보다 직접적인 방법이 있지만, 작은 수들의 경우에는 시행착오 방법도 충분하다.

1 다음 각각에 대해, 주어진 mod에서 역원이 있는지를 알아보아라. 만약 존재하면, 제니의 방법이나 에비에의 방법을 활용하여 역원을 구하여라.

　　a 10(mod 13)　b 10(mod 15)　c 7(mod 21)

　　d 7(mod 18)　e 11(mod 24)　f 11(mod 22)

2 주어진 mod에서 다음 각 수의 역원을 구하여라.

　　a 11(mod 180)　　　b 9(mod 100)　　c 7(mod 150)

해답 334~335p

제퍼슨과 매디슨의 암호

지식백과

　　중요한 것을 깜빡 잊어버린 경험이 있을 것이다. 열심히 해 둔 숙제를 집에 놓고 학교에 가거나 또는 티켓이나 열쇠를 두고 왔을 수도 있다. 그것은 여러분뿐만이 아니다. 한번은 제임스 매디슨이 암호키를 놓고 여행을 간 적이 있었다. 그것은 토머스 제퍼슨이 보낸 비밀 메시지를 해독하지 못한다는 것을 의미했다.

독립전쟁 이후, 미합중국 헌법 제정자들은 서로 비밀메시지를 보내기 위한 방법이 필요했다. 1781년, 외무부 장관 로버트 리빙스턴은 한쪽에는 1에서 1700까지의 수들을 인쇄하고, 다른 쪽에는 메시지에 사용될 수 있는 단어와 음절들을 정리하여 인쇄했다. 정부의 공무원들은 이렇게 정리해 놓은 단어들에 수를 대응시켜 암호를 쉽게 만들 수 있었다. 암호키는 각 단어에 어떤 수가 대응되는지를 말해 주는 목록이었다.

1785년 제임스 매디슨과 토머스 제퍼슨은 함께 코드 하나를 정하고, 1793년까지 그것을 사용해 서로 메시지를 암호화했다. 1793년 매디슨이 휴가지에 가 있을 때 제퍼슨으로부터 일부분만 암호화된 메시지를 받았다.

"we have decided unanimously to 130······ interest if they do no 510······to the 636. Its consequences you will readily seize, but 145······ though the 15······"

매디슨이 이 메시지를 읽기 위해서는 자신이 가지고 있는 키에 맞게 숫자를 문자로 대체해야 했다. 그때서야 매디슨은 필라델피아에 키를 두고 왔다는 것을 알게 되었다.

여러분은 이렇게 잠깐의 실수로 낭패를 보는 경우가 없기를 바란다.

RSA 암호문 보내기

"이 정도면 충분해." 제니가 말했다. "RSA 키를 선택하고 메시지를 보내보자."

"모든 사람의 공개키 열람부를 만들자. 그러면 누구에게나 메시지를 보낼 수 있어. 메시지 게시판에 열람부를 붙여 놓아야겠어." 릴라가 제안했다.

♥ 수업활동 ∩∩

A 모둠원들과 함께 RSA 키를 선택한다. 암호키와 대응하는 해독키 두 가지가 필요하다. 다음은 필요한 것을 요약해 놓은 것이다 (보다 자세한 것을 확인하고 싶다면 18장을 참조하여라).

· 소수 p와 q

292 암호 수학 | 293 | RSA 암호문 보내기 295

- 곱 $(p-1)(q-1)$과 서로소인 수 e

- $ed \equiv 1(\bmod(p-1)(q-1))$인 수 d (즉 d는 $\bmod(p-1)(q-1)$에서 e의 역원이다)

B 칠판에 여러분의 모둠명과 암호키를 적는다. 해독키는 비밀을 유지하도록 한다.

C 암호키와 해독키를 검증하기 위해, 다른 모둠이 여러분의 암호키를 사용해 짧은 메시지를 암호화해 여러분에게 전달하도록 요구한다. 그런 다음 해독키를 사용해 그 메시지를 해독한다.

실제로, RSA 시스템을 실행시키는 데는 많은 시간이 걸린다. 상당히 많은 양의 데이터를 변환시키는데 시간이 비실용적으로 많이 걸리기 때문이다. 그래서 RSA로 전체 메시지를 암호화하는 대신, 거래할 때는 종종 키워드를 암호화하는데 RSA를 사용한다. 그런 다음 보다 빠른 다른 암호를 사용한다.

댄이 팀에게 보낼 암호문을 작성했다. 키워드 **CRYPTO**를 사용해 비즈네르 암호로 만든 암호문이었다. 댄은 특별한 단서를

Tip

KEY 선택하기

- p와 q의 값에 따라, e의 값은 여러 가지가 될 수 있다. e의 값은 $(p-1)(q-1)$과 공약수를 갖지 않는 수여야 한다. 하지만 어떤 수든지, 해독키 d와 맞는 수여야 한다. 만약 그렇지 않으면 다른 값을 고른다.

- 당분간 여기에서 소수는 작은 수(20보다 작은)를 선택한다. 나중에 여러분의 메시지를 보다 안전하게 보호하고 싶을 때 소수를 바꾸어도 된다.

주지 않기 위해 암호문에서 빈칸마저도 없애버렸다. 그런데 유감스럽게도 팀은 그 메시지를 전혀 예상하지 못했기 때문에, 댄이 어떤 비즈네르 키워드를 사용했는지 미리 알아두지 못했다.

댄은 팀에게 키워드를 보내야 했다. 그래서 클럽의 키 열람부에서 팀의 공개키를 찾았다. 그는 RSA와 팀의 공개키를 사용해 자신의 키워드를 암호화했다.

먼저, $a=0$, $b=1$, $c=2$, …를 사용해 문자들을 수로 대응시켰다. 이때 키워드 **CRYPTO**는 수 2, 17, 24, 15, 19, 14로 변환된다.

그런 다음 팀의 공개키 (55, 7)을 사용하고, 식 $m^7 \bmod 55$에서 m에 그들 각각의 수를 대입했다.

다음은 댄이 계산한 것이다.

$$2^7 \bmod 55 = 128 \bmod 55 = 18$$
$$17^7 \bmod 55 = 410{,}338{,}673 \bmod 55 = 8$$
$$24^7 \bmod 55 = 4{,}586{,}471{,}424 \bmod 55 = 29$$
$$15^7 \bmod 55 = 170{,}859{,}375 \bmod 55 = 5$$
$$19^7 \bmod 55 = 893{,}871{,}739 \bmod 55 = 24$$
$$14^7 \bmod 55 = 105{,}413{,}504 \bmod 55 = 9$$

이를 통해 댄은 자신의 키워드 **CRYPTO**를 다음과 같이 암호화하여 팀에게 메시지를 보냈다.

18, 8, 29, 5, 24, 9

팀에게

이것은 비즈네르 암호로 작성한 메시지야. 너의 RSA 공개키의 키워드로 암호문을 만들었어. 그랬더니 18, 8, 29, 5, 24, 9가 되었어. 너의 RSA 해독키를 사용해서 먼저 키워드를 찾고, 그 키워드를 사용해서 비즈네르 암호문을 해독해 봐.

– 댄

댄의 메시지를 받은 팀은 키워드를 해독하기 위하여 해독키 $d=23$을 사용했다. 식 $C^{23} \bmod 55$에서의 C에 댄의 키워드를 암호화한 수들을 각각 대입했다.

댄의 첫 번째 수는 $C=18$이었다. 팀은 $18^{23} \bmod 55$를 계산해야 했지만 이것은 댄이 했던 계산만큼 간단하지 않았다. 계산기로 18^{23}을 계산한 결과 그 값이 너무 커서 반올림될 수밖에 없었다. 하지만 다행스럽게도 팀은 17장에서 이미 $18^{23} \bmod 55 = 2$를 계산한 적이 있었다. 거듭제곱과 환산을 병행하여 사용하면서, 그는 나머지 수들도 계산했다.

$$8^{23} \bmod 55 = 17$$
$$29^{23} \bmod 55 = 24$$
$$5^{23} \bmod 55 = 15$$
$$24^{23} \bmod 55 = 19$$
$$9^{23} \bmod 55 = 14$$

팀은 댄의 키워드에 대한 수들이 2, 17, 24, 15, 19, 14임을 알아내고, 각 수에 대응하는 문자를 확인한 결과 **CRPYTO**가 됨을 알아내었다. 그런 다음 비즈네르표를 찾아 댄의 메시지를 해독했다.

팀은 댄에게 답장을 쓰고 그것을 비즈네르 암호로 암호화했다.

"나도 RSA를 사용해 댄이 한대로 나의 비즈네르 키워드를 암호화할 거야."

그는 클럽의 키 열람부표에서 댄의 공개키를 찾았다. 댄의 공개키는 $(n, e) = (221, 77)$이었다. 팀은 이 공개키를 사용해 자신의 키워드를 암호화해 댄에게 보냈다.

Tip

만약 메시지가 길거나 또는 모듈러 계산기를 사용하기를 원하면, 암호클럽 웹사이트 상의 도구를 사용해도 된다.

댄에게

내 답장이야. 마찬가지로 비즈네르 암호로 작성했어. 너의 RSA 공개키를 사용해서 나의 비즈네르 키워드를 암호화했더니. 32, 209, 165, 140이 되었어. 너의 RSA 해독키를 사용해서 키워드를 찾고, 그 키워드를 사용해서 비즈네르 메시지를 알아봐.

－팀

문제

1 댄의 키워드 CRYPTO를 사용해 팀에게 보낸 비즈네르 암호문을 해독하여라.

2 a 댄의 RSA 해독키는 $d=5$이다. 그것을 사용해 팀이 암호화한 키워드를 찾아라.

 b 2a에서 찾은 키워드를 사용해 팀이 댄에게 보낸 비즈네르 메시지를 해독하여라.

3 RSA와 비즈네르 암호를 결합하여라.

 a 여러분이 선택한 비즈네르 키워드가 있는 비즈네르 암호를 사용해 메시지를 암호화하여라.

 b 여러분이 메시지를 보내고 있는 사람의 RSA와 RSA 암호키를 사용해 여러분의 비즈네르 키워드를 암호화하여라.

 c 여러분의 메시지를 받는 사람이 그들의 RSA 해독키를 사용해 여러분의 키워드를 해독하고 그것을 사용해 메시지를 해독하여라.

해답 335~336p

영국의 공개키 암호

1976년 당시 암호 전문가 중 가장 열정적이었던 휫필드 디피는 스탠포드 대학교수인 마틴 헬먼과 함께 공개키 암호에 대한 아이디어를 개발하여 암호의 세계에서 획기적인 발견을 했다. 그리고 이것은 20세기의 가장 중요한 암호 발견으로 평가받고 있다.

1년 후, MIT 교수인 로널드 리베스트, 애디 샤미르, 레오나르드 애들먼이 디피-헬먼의 아이디어를 실현시킬 수 있는 최초의 암호시스템 RSA를 개발했다. 그리고 그 연구결과를 출판해 유명해졌다. 그런데 여기에 또 다른 이야기가 있다.

정부 기관이 새로운 비밀코드를 개발할 때, 연구는 항상 비밀스럽게 이루어진다. 연구결과가 출판되지도 않으며 개발자들이 공식적인 인정을 받는 일도 거의 없다. 이것은 공개키 암호도 해당된다. 영국 정부에 따르면, 공개키 암호는 미국에서 공개키 암호가 연구되기 몇 년 전인 1970년대 초 영국의 정보통신본부GCHQ에서 암호 전문가 제임스 엘리스, 맬컴 윌리엄슨, 클리포드 콕스가 개발했다는 것이다. 그러나 그들의 연구는 비밀에 부쳤기 때문에 아는 사람이 전혀 없었다.

1975년까지, 엘리스, 윌리엄슨, 콕스는 RSA를 포함한 공개 키 암호의 근간이 되는 모든 것을 발견했다. 하지만 그들이 이미 발견했던 것을 디피, 헬먼, 리베스트, 샤미르, 애들먼이 재발견했을 때 그냥 팔짱만 낀 채로 지켜봐야 했다. 그러다 제임스 엘리스가 세상을 떠난 지 한달 후인 1997년 11월이 되어서야 영국 정부는 마침내 그들의 연구결과를 밝혔다.

　미국인들이 공개키 암호를 최초로 발견한 것은 아니지만 그들의 발견은 행운이었다. 그들은 어떤 정부와도 함께 작업하지 않았기 때문에, 자유롭게 자신들이 발견한 것을 발표할 수 있었으며, 인터넷 상에서 상거래를 하거나 일반인들이 사적인 의사소통을 할 수 있도록 하는 것이 가능해졌다. 반대로 영국의 암호 전문가들은 이 중요한 발견에 대해 공식적인 인정을 받기까지 많은 시간을 기다려야만 했으니 이들에게는 불행한 일이었음에 틀림없다.

찾아 보기

감수해주신 분들
이 책의 감수는 물론 직접 학생들과 활용해 봄으로써 도움을 주신 선생님들.

· Lynne Beauprez
Brooks Middle SchoolOak Park, Illinois

· Cathy Blake
Yeokum Middle School Belton, Missouri

· Sharlene Britt
Carson Elementary School Chicago, Illinois

· Mary Cummings
Yeokum Middle School Belton, Missouri

· E. Michael Einhorn
Nash Elementary School Chicago, Illinois

· David Genge
Stowe School Chicago, Illinois

· Katherine Grzesiak
Eastlawn Elementary School Midland, Michigan

· Deborah Jacobs-Sera
Greater Latrobe Jr. High Latrobe, Pennsylvania

· Jamae Jones
Foster Park Elementary School Chicago, Illinois

· Stacy Kasse
Taunton Forge School Medford, New Jersey

· Catherine Kaduk
Ranch View School and River Woods School
Naperville, Illinois

· Kristen Kainrath
Prairie School Naperville, Illinois

· John King
Henry Nash Elementary School Chicago, Illinois

· Erin Konig
Carson Elementary School Chicago, Illinois

· Susan Linas
George Washington Middle School
Lyons, Illinois

· Reshma Madhusudan
Young People's Project Chicago, Illinois

· Robin Masters
Frances W. Parker School Chicago, Illinois

· Bridget Rigby
Tech Museum of Innovation
San Jose, California

· Mary Rodriguez
Lara Academy Chicago, Illinois

· Kathryn Romain
Central Middle School Midland, Michigan

· Patricia Smith
Medill Elementary School Chicago, Illinois

· John Stewart
Carson Elementary School Chicago, Illinois

· Patricia Ullestad
River Woods School Naperville, Illinois

· Denise Wilcox
Fredrick Elementary School Grayslake, Illinois

· Noreen Winningham
Orrington Elementary School Evanston, Illinois

· Kam Woodard
Young Women's Leadership Academy
Chicago, Illinois

• 답안자에 따라 다른 답이 나오게 되는 문제들은 답이 없습니다.

1장   21쪽

1 a
| 원문 | k | e | e | p | | t | h | i | s | | s | e | c | r | e | t |
| 암호문 | N | H | H | S | | W | K | L | V | | V | H | F | U | H | W |

b
| 원문 | M | s | . | | K | a | d | u | k |
| 암호문 | P | V | . | | N | D | G | X | N |

2 a
| 원문 | a | | b | u | l | l | d | o | z | e | r |
| 암호문 | D | | E | X | O | O | G | R | C | H | U |

b
| 원문 | t | h | e | | t | e | a | c | h | e | r | | s | a | y | s |
| 암호문 | W | K | H | | W | H | D | F | K | H | U | | V | D | B | V |

| "n | o | | g | u | m | | a | l | l | o | w | e | d." | | t | h | e |
| "Q | R | | J | X | P | | D | O | O | R | Z | H | G." | | W | K | H |

| t | r | a | i | n | | s | a | y | s | | "c | h | e | w | | c | h | e | w." |
| W | U | D | L | Q | | V | D | B | V | | "F | K | H | Z | | F | K | H | Z." |

c
| 원문 | s | o | r | r | y. | | l | e | t' | s | | u | s | e |
| 암호문 | W | S | V | V | C. | | P | I | X' | W | | Y | W | I |

| c | i | p | h | e | r | s | | f | r | o | m | | n | o | w | | o | n. |
| G | M | T | L | I | V | W | | J | V | S | Q | | R | S | A | | S | R. |

4
| 원문 | m | a | r | c | o | | p | o | l | o |
| 암호문 | Q | E | V | G | S | | T | S | P | S |

1장   23~24쪽

5 a
| 원문 | p | r | i | v | a | t | e | | i | n | f | o | r | m | a | t | i | o | n |
| 암호문 | U | W | N | A | F | Y | J | | N | S | K | T | W | R | F | Y | N | T | S |

5 b
| 원문 | r | i | v | e | r | | w | o | o | d | s | | s | c | h | o | o | l |
| 암호문 | Z | Q | D | M | Z | | E | W | W | L | A | | A | K | P | W | W | T |

6
| 원문 | a | | h | o | t | | d | o | g |
| 암호문 | E | | L | S | X | | H | S | K |

7
| 원문 | n | o | n | e. | | t | h | e | | o | t | h | e | r | s |
| 암호문 | V | W | V | M. | | B | P | M | | W | B | P | M | Z | A |

| f | l | e | w | | a | w | a | y. |
| N | T | M | E | | I | E | I | G. |

8   원문 | a | w | a | t | c | h | d | o | g
암호문 | K | | G | K | D | M | R | N | Y | Q

2장   29~30쪽

1 a   원문 | c | h | o | c | o | l | a | t | e | | c | h | i | r | p |
수 | 2 | 7 | 14 | 2 | 14 | 11 | 0 | 19 | 4 | | 2 | 7 | 8 | 17 | 15 |

b   원문 | t | h | e | | l | e | t | t | e | r | | g |
수 | 19 | 7 | 4 | | 11 | 4 | 19 | 19 | 4 | 17 | | 6 |

2 a   원문 | J | a | m | e | s | | B | o | n | d |
수 | 9 | 0 | 12 | 4 | 18 | | 1 | 14 | 13 | 3 |

b   원문 | J | a | m | e | s | | B | o | n | d |
수 | 12 | 3 | 15 | 7 | 21 | | 4 | 17 | 16 | 6 |

c   각 t에 3을 더한다.

3 a   원문 | L | i | n | c | o | l | n |
수 | 11 | 8 | 13 | 2 | 14 | 11 | 13 |
이동한 수 | 15 | 12 | 17 | 6 | 18 | 15 | 17 |

b   원문 | L | u | k | e |
수 | 11 | 20 | 10 | 4 |
이동한 수 | 16 | 25 | 15 | 9 |

c   원문 | e | x | p | e | r | i | m | e | n | t |
수 | 4 | 23 | 15 | 4 | 17 | 8 | 12 | 4 | 13 | 19 |
이동한 수 | 7 | 26 | 18 | 7 | 20 | 11 | 15 | 7 | 16 | 22 |

3만큼 이동하면 암호판에 없는 수26이 됩니다.

2장   32~33쪽

4   a 2   b 3   c 4   d 8   e 10   f 0

5   다양한 답이 나올 수 있다. 한 가지 예를 들어, 25보다 큰 수에서 26을 뺀다. 이때 답이 여전히 25보다 크면 다시 뺀다. 답이 25보다 작거나 같은 수가 될 때까지 이 과정을 계속 반복한다.

6 a   원문 | x | - | r | a | y |
수 | 23 | | 17 | 0 | 24 |
이동한 수 | 1 | | | | 2 |
| 27 | | 21 | 4 | 28 |

b   원문 | c | r | y | p | t | o | g | r | a | p | h | y |
수 | 2 | 17 | 24 | 15 | 19 | 14 | 6 | 17 | 0 | 15 | 7 | 24 |
이동한 수 | | | 1 | 8 | | 3 | | 1 | | | | 8 |
| 12 | 27 | 34 | 25 | 29 | 24 | 16 | 27 | 10 | 25 | 17 | 34 |

7 ↑   원문 | l | i | l | a | h |
수 | 11 | 8 | 11 | 0 | 7 |
이동한 수 | 14 | 11 | 14 | 3 | 10 |

8

원문	i	t	'	s	t	w	o	t	i	r	e	d
수	8	19	'	18	19	22	14	19	8	17	4	3
이동한 수	11	22	'	21	22	25	17	22	11	20	7	6

9

원문	a	c	h	i	p	m	o	n	k
수	0	2	7	8	15	12	14	13	10
이동한 수	5	7	12	13	20	17	19	18	15

10

원문	s	p	e	l	l	i	n	g
수	18	15	4	11	11	8	13	6
이동한 수	25	22	11	18	18	15	20	13

11 a

원문	t	i	m	m	y
수	19	8	12	12	-2
이동한 수	22	11	15	15	1

11 b 1에서 3을 빼면 그 결과는 음수가 된다. 원의 둘레에 수들을 배치한 후 1에서 3만큼 거꾸로 세어 24를 찾는다.

2장   34~35쪽

12   a 0   b 2   c 25   d 24   e 22   f 16

13 0보다 작은 수 각각에 26을 더한다. 그 값이 여전히 음수이면 다시 26을 더하고 그 결과가 0과 25 사이의 수가 될 때까지 이 과정을 반복한다.

14 a

원문	p	i	z	z	a
수	15	8	25	25	0
이동한 수	18	11	2	2	3

b

원문	t	a	x	i
수	19	0	23	8
이동한 수	3	10	7	18

c

원문	s	p	y
수	18	15	24
이동한 수	7	4	13

15

원문	a	r	o	c	k	e	r
수	0	17	14	2	10	4	17
이동한 수	10	1	24	12	20	14	1

16

원문	t	a	k	e	a	w	a	y	h	e	r	w
수	19	10			22	24		7	17		22	
이동한 수	13	20	4	24	20	16	20	18	1	24	11	16

17 a 16

17 b −10을 해독하기 위해서는 10을 뺀다. 이때 이 값은 0으로 문자 a에 대응된다. 1을 해독하기 위해서는 16을 더한다. 이때 이 값은 17로 문자 r에 대응된다.

원문	a		r	o	c	k	e	r
수	0		17	14	2	10	4	17
이동한 수	10		1	24	12	20	14	1

18 a 9를 빼거나 17을 더한다

18 b

w	e		h	a	v	e		f	o	u	n	d		a		s	h	o	r	t	c	u	t	.
22	4		7	0	21	4		5	14	20	13	3		0		18	7	14	17	19	2	20	19	.
5	13		16	9	4	13		14	23	3	22	12		9		1	16	23	0	2	11	3	2	.

19 a 5를 빼거나 21을 더한다.

17 b n를 빼거나 $(26-n)$을 더한다.

20

원문	s	t	o	p		i	m	a	g	i	n	i	n	g
수	18	19	14	15		8	12	0	6	8	13	8	13	6
이동한 수	2	3	24	25		18	22	10	16	18	23	18	23	16

21

원문	b	e	c	a	u	s	e		h	e		d	o	e	s	n	'	t
수	1	4	2	0	20	18	4		7	4		3	14	4	18	13	'	19
이동한 수	12	15	13	11	5	3	15		18	15		14	25	15	3	24	'	4

w	a	n	t		t	o		l	o	s	e		h	i	s		p	a	t	i	e	n	t	s
22	0	13	19		19	14		11	14	18	4		7	8	18		15	0	19	8	4	13	19	18
7	11	24	4		4	25		22	25	3	15		18	19	3		0	11	4	19	15	24	4	3

22

원문	w	h	a	t		m	o	s	t		p	e	o	p	l	e		d	o		w	h	e	n
수	22	7	0	19		12	14	18	19		15	4	14	15	11	4		3	14		22	7	4	13
이동한 수	3	14	7	0		19	21	25	0		22	11	21	22	18	11		10	21		3	14	11	20

i	t		r	a	i	n	s
8	19		17	0	8	13	18
15	0		24	7	15	20	25

23

원문	t	h	a	t	'	s		a		s	i	l	l	y		q	u	e	s	t	i	o	n.
수	19	7	0	19	'	18		0		18	8	11	11	24		16	20	4	18	19	8	14	13.
이동한 수	6	20	13	6	'	5		13		5	21	24	24	11		3	7	17	5	6	21	1	0.

y	o	u		o	n	l	y		h	a	v	e		a		l	e	f	t		e	a	r	
24	14	20		14	13	11	24		7	0	21	4		0		11	4	5	19		4	0	17	
11	1	7		1	0	24	11		20	13	8	17		13		24	17	18	6		17	13	4	

a	n	d		a		r	i	g	h	t		e	a	r	.
0	13	3		0		17	8	6	7	19		4	0	17	.
13	0	16		13		4	21	19	20	6		17	13	4	.

3장   45쪽

1 tim i have a secret let's meet dan

2 i like evie, but don't tell her i said so.

3장   48~49쪽

3 a a jolly collie

   b i knew you were some kind of nut

   c i scream

4 do not worry about your difficulties in mathematics, i assure you that mine are greater.

5 far and away the best prize that life offers is the chance to work hard at work worth doing.
   key= 10

6 enen if you're on the right track, you'll get run over if you just sit there.
   key= 5

7 just because something doesn't do what you planned it to do doesn't mean it's useless.
   key= 8

8 don't walk behind me, i may not lead. don't walk in front of me, i may not follow. just walk beside me and be my friend.
   key= 13

9 manyoflife's failuresarep
eoplewhodidnotrealizeho
wclosetheyweretosuccess
whentheygaveup
key＝2

10 −genius is one per cent inspiration,
  ninety nine per cent perspiration.

  −QOXSEC SC YXO ZOB MOXD SXCZSBKDSYX,
  XSXODI XSXOZOB MOXD ZOBCZSBKDSYX.

4장　58～59쪽

1 finding half a worm.

2 no. they are born that way.

3 your eardrums

4 the north and south poles

5 for holding up the pants.

6 by hareplane

7 ears fo corn

8 here are the details of the outdoor club's ski
  trip: the two−day trip to pine mountain will be
  saturday and sunday, the first weekend in february.
  the bus will leave from the park's headquarters
  at eight am and return at ten pm sunday.
  tegistration forms are due by next friday pick
  them up in the park office.
  the trip is limited to the first twenty who
  sign up, so please hurry or there might not be
  enough space.

5장　69쪽

4 두 표의 일반적인 패턴은 유사할 것이다. 두 표 모두 가장 많이 나타난 문자는 아마도 순서
  와 상관없이 E, T, A, O, I일 것이다.

1　a

문자	빈도	상대적 빈도		
		분수	소수	퍼센트(%)
A	2	$2/138$	0.014	1.4
B	0	0	0.000	0.0
C	2	$2/138$	0.014	1.4
D	6	$6/138$	0.043	4.3
E	7	$7/138$	0.051	5.1
F	14	$14/138$	0.101	10.1
G	4	$4/138$	0.029	2.9
H	2	$2/138$	0.014	1.4
I	11	$11/138$	0.080	8.0
J	5	$5/138$	0.036	3.6
K	1	$1/138$	0.007	0.7
L	4	$4/138$	0.029	2.9
M	1	$1/138$	0.007	0.7
N	10	$10/138$	0.072	7.2
O	0	0	0.000	0.0
P	6	$6/138$	0.043	4.3
Q	5	$5/138$	0.036	3.6
R	0	0	0.000	0.0
S	9	$9/138$	0.065	6.5
T	16	$16/138$	0.116	11.6
U	9	$9/138$	0.065	6.5
V	4	$4/138$	0.029	2.9
W	3	$3/138$	0.022	2.2
X	5	$5/138$	0.036	3.6
Y	12	$12/138$	0.087	8.7
Z	0	0	0.000	0.0
Total	138			

b

문자	상대적 빈도(%)	문자	상대적 빈도(%)
T	11.6	e	12.7
F	10.1	t	9.1
Y	8.7	a	8.2
I	8.0	o	7.5
N	7.2	i	7.0
S	6.5	n	6.7
U	6.5	s	6.3
E	5.1	h	6.1
D	4.3	r	6.0
P	4.3	d	4.3
J	3.6	l	4.0
Q	3.6	c	2.8
X	3.6	u	2.8
G	2.9	m	2.4
L	2.9	w	2.4
V	2.9	f	2.2
W	2.2	g	2.0
A	1.4	y	2.0
C	1.4	p	1.9
H	1.4	b	1.5
K	0.7	v	1.0
M	0.7	k	0.8
B	0.0	j	0.2
O	0.0	q	0.1
R	0.0	x	0.1
Z	0.0	z	0.1

1　c　i heard radio station wxyz announced they will give away free circus tickets to the first twenty—five people who call in. it sounds like fun. let's all call and go together.

2　grandma sent her favorite grandson a handsome new shirt for his birthday. unfortunately, it had a size fourteen collar and the boy had a size sixteen neck. he dutifully wrote her, "dear grammy, thanks heaps, i'd write more but i'm all choked up

1 　— DOGDOG　　DOGDOGDO
　　— KWJGST　　WFKDGAUS

2 　— CATC　　AT　　CATCATC　　AT　　CATCATCA
　　— OEXV　　MX　　VOGKGAV　　AM　　OIWPIZJT

3 　— CA　TCA　TCATC　ATCAT　CA　TCAT
　　— QK, UWT　PJEKG　SACLE　YE　FGEM?

4 　— L　IEL　IEL　IELIEL　IELIELI
　　　ELIELI　ELI　ELIEL　IELIE　LIE
　　　LIELI　EL　IELIELI　EL　IEL
　　　IELIE

　　— L　TMP　KEY　BVLDIW　PEWNALG
　　　ECWYYL　XSM　AZZPO　ELTTI　EPI
　　　EZYEP　MD　XYEBMYO　SY　QXD
　　　ALZMW.

5 　— DOG　　DOGDOG　　DOGDOGDOGDO
　　— WCV　　VSIUSZ　　LBLRFSDHORB

6 　— BLUEB　　LUEBLU　　EB　　LUE　　BLUE　　BLUE
　　— which　　method　　do　　you　　like　　best?

7 　a 　— S ELFSEL FSELFS EL FSELFSELFSE LFSELFS ELF SEL FSELFSEL
　　　　— a person cannot be comfortable without his own approval.

　　b 　— RE ADREADR EADRE ADREADR EADREA DREAD
　　　　　REA DRE ADR EA D READREAD
　　　　— be careful about reading health books.
　　　　　you may die of a misprint.

8 　a 　— CARCAR CA RCARC ARCA RCAR CARCARC ARCA
　　　　　RCARCA RCA RCARCARC ARC ARCA

— always do right. this will gratify some
people and astonish the rest.

8 b — TW AIN TWAI NTW AINTW AIN TWAI NTWA
IN TWAINTWA INTWAINT

— if you tell the truth you don't have
to remember anything.

c — NOTNOTN OT NOTNOTNOTN OT NOTN OTNOTNO
TN OTNO TNO TNOTNOT NO TNOT

— courage is resistance to fear, mastery
or fear—not absence of fear.

9 a — WISEWIS EW ISE WISEW ISEWISE WI SEW
ISEW IS EWISEW

— honesty is the first shapter in the
book of wisdom.

b — STO NES TON ESTONES T ONESTONE STONES TO
NESTONES TONE STONE STONES

— the man who removes a mountain begins by
carrying away small stones.

8장   121~122쪽 여학생들의 암호문

there was a little boy named
jesses. the big boys in the
neighb rhood constantly teased
him. sometimes they offered him
a choice between a nickel and a
dime.. jesse always took the
nickel—after all, it was
bigger. the big boys laughed
and laughed. one day after
jesse grabbed the nicker, his
father took him aside and said,
"jesse, those boys are making
fun of you. they think you
don't know the dime is worth

more than the nickel." jesse grinned and said, "don't worry dad. i know which is worth more. but if i took the dime, they would stop dong it. so far i've collected ten dollars."

8장　**123**쪽 **수업활동**

1	D	**2**	I	**3**	M
4	E	**5**	D I M E		

9장　**136 ~137**쪽

1   a   1, 3, 5, 15

   b   1, 2, 3, 4, 6, 8, 12, 24

   c   1, 2, 3, 4, 6, 9, 12, 18 ,36

   d   1, 2, 3, 4, 5, 6, 10, 12, 15, 20, 30, 60

   d   1, 23

2   5, 10, 15, 20, 25, 30…

3   2, 3, 5, 7, 11, 13, 17, 19, 23, 29

4   30, 32 33, 34, 35, 36, 38, 39, 40

5   a $24=2\times2\times2\times3$ b $56=2\times2\times2\times7$ c $90=2\times3\times3\times5$

6   a(284), c(70), d(5456)가 2로 나누어떨어진다. 일의 자리의 수가 4, 0 ,6으로 끝났기 때문이다.

7   a(585), d(6249)가 3으로 나누어떨어진다. a는 각 자리의 숫자의 합이 18이고, d의 각 자리의 숫자의 합이 21로 모두 3으로 나누어떨어지기 때문이다.

8   a(348), b(236), d(8480)가 4로 나누어떨어진다. 마지막 두 자리의 수가 4로 나누어떨어지기 때문이다.

9   a(80), b(995)가 5로 나누어떨어진다. 일의 자리의 수가 0과 5로 끝났기 때문이다.

10 a(96), c(642)가 6으로 나누어떨어진다. 2로도 나누어떨어지고 3으로도 나누어떨어지기 때문이다.

11 a(333), b(108), d(1125)가 9로 나누어떨어진다. 각 자리의 숫자의 합이 9로 나누어떨어지기 때문이다.

12 a(240), c(60), d(9900)가 10으로 나누어떨어진다. 일의 자리의 수가 0으로 끝났기 때문이다.

13 a $2430 = 2 \times 3^5 \times 5$ b $4680 = 2^3 \times 3^5 \times 5 \times 13$

  c $357 = 3 \times 7 \times 17$ d $56133 = 3^6 \times 7 \times 11$

  e $14625 = 3^2 \times 5^3 \times 13$ f $8550 = 2 \times 3^2 \times 5^2 \times 19$

14 a 1, 5 b 1, 2, 3, 6 c 1, 3, 5, 15

15 a 4 b 25 c 15

16 a 1, 2 b 1, 2, 3, 6 c 1, 2, 3, 5, 6, 10, 15, 30

10장 **146~148**쪽

1 a 6군데 b 30

  c – ART ICHO KES ARTICH OKES ATRIC HOKES ART ICHOK
   – TYX ZCPB⋯ KRV JFBVGK QKTL CCTZM, MCERV TYX XCYHI

  d – BLU EBLU EBL UEBLUE BLUE BLUEB LUEBL UEB
   LUEBL

   – USY VBTH⋯ EOO DSJYYH DLJX DWUVL, QIYOO NLF
   AUVUJ

2 a 4군데

  b 두 the 사이의 거리: 36 , 키워드 길이: 2, 3, 4, 6, 9, 12, 18

  c 두 the 사이의 거리: 63 , 키워드 길이: 3, 7, 9, 21

  d 3과 9 (36과 63의 공약수)

  e ASPARAGUS

  f – **ASP** ARAG US ASPARAGUS ASP ARA GUSAS PARAGUS
   ASP ARAG US ASPA RA GUS AS PARAG USA SP ARA GUS
   ASPARAGUSA SPA RA GUSASPARA GUS **ASP**AR

- **TZT** FFOZ IX CAKICIFYV MSC HRD TYNEJ IRFDJYF
TZT GFOJ IJ ENXL ZT NUV IF HTFRK ZGR MH WRS LIJ
EPEEIISYFT QTT KO JYLEJBIEE GHV **TZT**SV

3 a WPQ, XKM, QQOOHT, ZMF

b

여학생들이 작성한 암호문에 나타난 반복된 문자열			
키워드= _DIME_ 키길이= _4_			
문자열	사이의 거리	키 길이가 거리의 약수인가?	반복된 문자열 사이에서 딱 들어맞게 반복되는 키워드의 수
XKM	136	○	34
XKM	68	○	17
XKM	20	○	5
XKM	100	○	25
ZMF (7줄)	9	✕	정확하지 않다
WPQ	28	○	7
WPQ	12	○	3
WPQ	360	○	90
QQOOHT	32	○	8
QQOOHT	188	○	47
PMP	102	○	정확하지 않다
PMP	188	○	47
MPM	44	○	11
MPM	188	○	47
BWG	12	○	3
EAV	20	○	5

3 c 가끔씩만 그렇다

10장   152 ~155쪽

4 a VNNS, SGIAV, GZS, ZWA, HUW, GGG, IWF, SYR, GITZ, IEW

4 b

반복된 문자열	사이의 거리	3이 표가 되는가?
VNNS	162	○
SGIAV	105	○
GZS (5회)	30	○
	90	○
	24	○
	51	○
GGG	76	×
SYR	162	○
HUW (4회)	33	○
	6	○
	114	○
IWF (3회)	135	○
	6	○
IEW	30	○
GITZ	48	○
ZWA	87	○

4 c 각 자리의 숫자를 모두 더했다. 각 자리의 숫자의 합이 3의 배수인 수는 3으로 나누어떨어지므로, 3이 그 수의 약수가 된다.

d 그렇다. 3이 대부분의 각 거리의 약수이기 때문이다.

5 i have found silver! it was in the hills
behind the trading post on the nipigon
river at the northern tip of lake superior.
while hiking i found some shiny stones.
later i brought them to a metal
expert to have them appraised. sure enough,
they are silver – in a very pure form.
there must be more – i will return and
stake a claim.

키워드＝SON

6 a JPU, WNS, HSH, EKK, WNSX, ZXMV, LRZ

b **JPU** $\quad 52 = 2^2 \times 13$

WNS $\quad 120 = 2^3 \times 3 \times 5 \ / \ 24 = 2^3 \times 3$

HSH $\quad 16 = 2^4$

EKK $\quad 120 = 2^3 \times 3 \times 5 \ / \ 28 = 2^7 \times 7$

WNSX $24 = 2^3 \times 3$

ZXMV $48 = 2^4 \times 3$

LRZ $\quad 208 = 2^4 \times 13$

6 c 키 길이: 4

이유: 4가 모든 거리의 약수이기 때문이다. 이때 사용된 키워드는 GOLD이다.

7 a LCMI, MZI, XAW, ROX, MZIO, YTV, GYIY, XVV

b **LCMI** $\quad 162 = 2 \times 3^4$

MZI $\quad 30 = 2 \times 3 \times 5 \ / \ 90 = 2 \times 3^2 \times 5 \ / \ 24 = 2^3 \times 3$

XAW $\quad 6 = 2 \times 3 \ / \ 114 = 2 \times 3 \times 19$

ROX $\quad 162 = 90 = 2 \times 3^4$

MZIO $24 = 2^3 \times 3$

YTV $\quad 30 = 2 \times 3 \times 5$

GYIY $\quad 48 = 2^4 \times 3$

XVV $\quad 6 = 2 \times 3$

c 키 길이: 6

이유: 6이 모든 수의 약수이기 때문이다. 이때 사용된 키워드는 SECRET이다.

8 a FDJYH, ELE, ISI, VTG, TWT, PVI, PVT, JGP, EPV

b **FDJYH** $105 = 3 \times 5 \times 7$

ELE $\quad 30 = 2 \times 3 \times 5 \ / \ 90 = 2 \times 3^2 \times 5 \ / \ 72 = 3 \times 5^2$

ISI $\quad 130 = 2 \times 5 \times 13$

VTG $\quad 120 = 2^3 \times 3 \times 5$

TWT $\quad 6 = 2 \times 3$

PVI $\quad 135 = 3^3 \times 5$

PVT $\quad 41 = \text{prime}$

JGP $\quad 30 = 2 \times 3 \times 5$

EPV $\quad 65 = 5 \times 13$

c 키길이: 5

이유: 5가 대부분의 거리가 나타내는 값의 약수이기 때문이다. 이때 사용된 키워드는 APPLE이다.

9   you are very clever. you cracked a vigenere cipher. people used to think that was impossible. so you should be very proud. you could be a secret agent. maybe you should try your skills on the beale ciphers. nobody has cracked them yet, but if you do, you might discover a treasure worth millions of dollars.

KEY: gold

11장   165쪽

1   오후 2시

2   오후 9시

3   일요일 오후 7시

4   a 3   b 7   c 10   d 1

5   오전 9시

6   a 8   b 11   c 11   d 7

11장   168쪽

7   a 15:00   b 9:00   c 23:15

    d 4:30   e 18:45   f 20:30

8   a 오후 1:00   b 오전 5:00   c 오후 7:15

    d 오후 9:00   e 오전 11:45   f 오후 3:30

9   a 2   b 4   c 2   d 20

10   a 2   b 3   c 4   d 5   e 8   f 8

11   그렇지 않다. 예를 들어 3시간 시계에서 2+2=1이다.

12 a 3, 15, 27, 39   b 51, 63

13 a 8, 20, 32, 44   b 56, 68

14 a 계속하여 12를 더하면 된다.   b 53, 65

15 a 18, 30, 42   b 21, 33, 45

16 a 12, 22, 32 b 19, 29, 39   c 10, 20, 30

17 a 6, 11, 16   b 8, 13, 18   c 7, 12, 17

18 a 3   b 7   c 10   d 1

19 a 6   b 8   c 0   d 8

20 a 2   b 1   c 5   d 1

21 a 8   b 11   c 6   d 10

22 a 6   b 9   c 4   d 8

23 a 2   b 4   c 3   d 2

24 a 22   b 3   c 5   d 17

1   a 3   b 7   c 12   d 14
    e 22   f 0   g 16   h 19

2   − 2   10
    − 10   50
    − 10   24
    − K   Y

3   − 24 15 19 14 6 17 0 15 7 24
    − 72 45 57 42 18 51 0 45 21 72
    − 20 19 5 16 18 25 0 19 21 20
    − U T F Q S Z A T V U

4 a 19   b 2   c 0   d 20

5 a 14   b 12   c 21   d 0

12장   187쪽

6 a 14   b 0   c 21

   d 18   e 7   f 10

7 a 3   b 16   c 3880   d 145

12장   188쪽

9 −1(25) 4 −8(18) −7(19) −2(24)

   −11 44 −88 −77 −22

   15 18 16 1 4

   P S Q B E

12장   189~190쪽

10 a 목요일   b 월요일(15 mod 7=1이므로)

   c 화요일(100 mod 7=2이므로)   d 토요일(1000 mod 7=6이므로)

11 a 14   b 월요일(75 mod 7=5이므로)

   c 화요일(300 mod 7=6이므로)

12 a 2008, 2012   b 2004   c 1996, 1776

13 수요일(365 mod 7=1이므로 다음 해 7월 4일은 화요일 바로 다음 요일인 수요일에 해당한다).

a 4, 15

b **4곱 암호표　KEY: bad**

원문	a	b	c	d	e	f	g	h	i	j	k	l	m	n	o	p	q	r	s	t	u	v	w	x	y	z
수	0	1	2	3	4	5	6	7	8	9	10	11	12	13	14	15	16	17	18	19	20	21	22	23	24	25
×4(mod 26)	0	4	8	12	16	20	24	2	6	10	14	18	22	0	4	8	12	16	20	24	2	6	10	14	18	22
암호문	A	E	I	M	Q	U	Y	C	G	K	O	S	W	A	E	I	M	Q	U	Y	C	G	K	O	S	W

15곱 암호표　KEY: good

원문	a	b	c	d	e	f	g	h	i	j	k	l	m	n	o	p	q	r	s	t	u	v	w	x	y	z
수	0	1	2	3	4	5	6	7	8	9	10	11	12	13	14	15	16	17	18	19	20	21	22	23	24	25
×15(mod 26)	0	15	4	19	8	23	12	1	16	5	20	9	24	13	2	17	6	21	10	25	14	3	18	7	22	11
암호문	A	P	E	T	I	X	M	B	Q	F	U	J	Y	N	C	R	G	V	K	Z	O	D	S	H	W	L

6곱 암호표　KEY: bad

원문	a	b	c	d	e	f	g	h	i	j	k	l	m	n	o	p	q	r	s	t	u	v	w	x	y	z
수	0	1	2	3	4	5	6	7	8	9	10	11	12	13	14	15	16	17	18	19	20	21	22	23	24	25
×6(mod 26)	0	6	12	18	24	4	10	16	22	2	8	14	20	0	6	12	18	24	4	10	16	22	2	8	14	20
암호문	A	G	M	S	Y	E	K	Q	W	C	I	O	U	A	G	M	S	Y	E	K	Q	W	C	I	O	U

17곱 암호표　KEY: good

원문	a	b	c	d	e	f	g	h	i	j	k	l	m	n	o	p	q	r	s	t	u	v	w	x	y	z
수	0	1	2	3	4	5	6	7	8	9	10	11	12	13	14	15	16	17	18	19	20	21	22	23	24	25
×17(mod 26)	0	17	8	25	16	7	24	15	6	23	14	5	22	13	4	21	12	3	20	11	2	19	10	1	18	9
암호문	A	R	I	Z	Q	H	Y	P	G	X	O	F	W	N	E	V	M	D	U	L	C	T	K	B	S	J

19곱 암호표　KEY: good

원문	a	b	c	d	e	f	g	h	i	j	k	l	m	n	o	p	q	r	s	t	u	v	w	x	y	z
수	0	1	2	3	4	5	6	7	8	9	10	11	12	13	14	15	16	17	18	19	20	21	22	23	24	25
×19(mod 26)	0	19	12	5	24	17	10	3	22	15	8	1	20	13	6	25	18	11	4	23	16	9	2	21	14	7
암호문	A	T	M	F	Y	R	K	D	W	P	I	B	U	N	G	Z	S	L	E	X	Q	J	C	V	O	H

1 a 10 13 16 19 22 25 2 5 8 11 14 17 20 23

　　b dan, i know what you wrote.

　　c a yardstick

2 a

원문	a	b	c	d	e	f	g	h	i	j	k	l	m	n	o	p	q	r	s	t	u	v	w	x	y	z
수	0	1	2	3	4	5	6	7	8	9	10	11	12	13	14	15	16	17	18	19	20	21	22	23	24	25
×2(mod 26)	0	2	4	6	8	10	12	14	16	18	20	22	24	0	2	4	6	8	10	12	14	16	18	20	22	24
암호문	A	C	E	G	I	K	M	O	Q	S	U	W	Y	A	C	E	G	I	K	M	O	Q	S	U	W	Y

　　b AAM ／ AAM (둘 다 모두 같은 문자들로 암호화된다)

　　c a－n, b－o, c－p, d－q, e－r, f－s, g－t, h－u, i－v, j－w, k－x, l－y, m－z

　　d ant와 nag의 경우가 그 한 가지 예이다.

　　e she, fur

　　f 그렇지 않다. 서로 다른 문자들을 암호화한 결과 같은 문자로 암호화되기 때문이다.

3 a

원문	a	b	c	d	e	f	g	h	i	j	k	l	m	n	o	p	q	r	s	t	u	v	w	x	y	z
수	0	1	2	3	4	5	6	7	8	9	10	11	12	13	14	15	16	17	18	19	20	21	22	23	24	25
×5(mod 26)	0	5	10	15	20	25	4	9	14	19	24	3	8	13	18	23	2	7	12	17	22	1	6	11	16	21
암호문	A	F	K	P	U	Z	E	J	O	T	Y	D	I	N	S	X	C	H	M	R	W	B	G	L	Q	V

　　b be sure you put your feet in th right place, then stand firm.

　　c the important thing is not to stop questioning.

4 a

원문	a	b	c	d	e	f	g	h	i	j	k	l	m	n	o	p	q	r	s	t	u	v	w	x	y	z
수	0	1	2	3	4	5	6	7	8	9	10	11	12	13	14	15	16	17	18	19	20	21	22	23	24	25
×13(mod 26)	0	13	0	13	0	13	0	13	0	13	0	13	0	13	0	13	0	13	0	13	0	13	0	13	0	13
암호문	A	N	A	N	A	N	A	N	A	N	A	N	A	N	A	N	A	N	A	N	A	N	A	N	A	N

　　b ANNAN ／ ANNAN

　　c 그렇지 않다. 서로 다른 문자들을 암호화한 결과 같은 문자로 암호화되기 때문이다.

5　c, d

6 a 5, 7, 9　　　　b　　　　5, 7, 11

7 a 1, 2, 4, 5, 7, 8, 10, 13, 14, 16, 17, 19, 20, 25, 26, 28, 29, 31, 32 b 1, 7, 11, 13, 17, 19, 23, 29

c 1, 5, 7, 11, 13, 17, 19, 23

d 1, 3, 5, 9, 11, 13, 15, 17, 19, 23, 25, 27

e 1에서 22까지의 모든 숫자

8 a

원문	a	b	c	d	e	f	g	h	i	j	k	l	m	n	o	p	q	r	s	t	u	v	w	x	y	z
수	0	1	2	3	4	5	6	7	8	9	10	11	12	13	14	15	16	17	18	19	20	21	22	23	24	25
×7(mod 26)	0	7	14	21	2	9	16	23	4	11	18	25	6	13	20	1	8	15	22	3	10	17	24	5	12	19
암호문	A	H	O	V	B	J	Q	X	E	I	S	Z	G	N	U	B	I	P	W	D	K	R	Y	F	M	T

our character is what we do when we think no one is looking.

b

원문	a	b	c	d	e	f	g	h	i	j	k	l	m	n	o	p	q	r	s	t	u	v	w	x	y	z
수	0	1	2	3	4	5	6	7	8	9	10	11	12	13	14	15	16	17	18	19	20	21	22	23	24	25
×9(mod 26)	0	9	18	1	10	19	2	11	20	3	12	21	4	13	22	5	14	23	6	15	24	7	16	25	8	17
암호문	A	J	S	B	K	T	C	L	U	D	M	V	E	N	W	F	O	X	G	P	Y	H	Q	ㄹ	I	R

the most exhausting thing in life is being insincere.

c

원문	a	b	c	d	e	f	g	h	i	j	k	l	m	n	o	p	q	r	s	t	u	v	w	x	y	z
수	0	1	2	3	4	5	6	7	8	9	10	11	12	13	14	15	16	17	18	19	20	21	22	23	24	25
×11(mod 26)	0	11	22	7	18	3	14	25	10	21	6	17	2	13	24	9	20	5	16	1	12	23	8	19	4	15
암호문	A	L	W	H	S	D	O	ㄹ	K	V	G	R	C	N	Y	J	U	F	Q	B	M	X	I	Y	E	P

we know what we are, but not what we may be.

d

원문	a	b	c	d	e	f	g	h	i	j	k	l	m	n	o	p	q	r	s	t	u	v	w	x	y	z
수	0	1	2	3	4	5	6	7	8	9	10	11	12	13	14	15	16	17	18	19	20	21	22	23	24	25
×−1(mod 26)	0	25	24	23	22	21	20	19	18	17	16	15	14	13	12	11	10	9	8	7	6	5	4	3	2	1
암호문	A	ㄹ	Y	X	W	V	U	T	S	R	Q	P	O	N	M	L	K	J	I	H	G	F	E	D	C	B

the beginning is the most important part of the work.

9 a a는 A로 암호화되었다. 이것은 모든 곱암호에서 같다.
0에 어떤 수를 곱하더라도 항상 0이므로 a는 항상 A와 대응된다.

b n은 N으로 암호화되었다.

1   a 1   b 1   c 1

2   a 3   b 6   c $\frac{1}{5}$ d $\frac{1}{6}$, 4

3   a 4   b 6, 54, 2   c 30, 270, 10

4

원문	t	o	p		s	h	e	l	f
−mod 26	19	14	15		18	7	4	11	5
역원×9	45	144	171		18	189	108	63	135
문자 변환수	5	16	19		2	21	12	7	15
암호문	F	Q	T		C	V	M	H	P

5   3, 9   5, 21   7, 15   11, 19   17, 23   25, 25

6   7과 15, 7×15＝105≡1 (mod 26)

7

원문	a		w	i	l	l		f	i	n	d	s		a		w	a	y.
−mod 26	0		22	8	11	11		5	8	13	3	18		0		22	0	24
역원×5	0		100	60	115	115		5	60	65	55	70		0		100	0	50
문자 변환수	0		20	12	23	23		1	12	13	11	14		0		20	0	10
암호문	A		U	M	X	X		B	M	N	L	O		A		U	A	K.

8   −7≡19(mod 26),
    −15≡11(mod26)이고 다음이 성립하므로 19와 11은 서로 역원이 된다.
    19×11≡(−7)×(−15) (mod 26)
          ≡＋(7×15) (mod 26)
          ≡1 (mod 26)

9   25×25≡(−1)×(−1) (mod 26)
          ≡1(mod 26) 이므로 25의 역원은 자기 자신이다.

10   a 3과 9, 5와 21, 7과 15, 11과 19, 17과 23, 25와 25

    b 짝수와 13

    c 26과 서로소인 수

11   임의의 수에 짝수를 곱하면 항상 짝수가 되므로 1(mod 26)과 합동인 수가 존재하지 않는다.

12

↑

원문	w	r	o	n	g					
mod 26	22	17	14	13	6					
3곱 암호	48	69	66	39	6					
암호문	16	23	22	13	2					

13

↑

원문	c	l	i	m	b		a		t	r	e	e
mod 26	2	11	8	12	1		0		19	17	4	4
3곱 암호	28	63	112	168	105		0		175	147	56	56
암호문	4	9	16	24	15		0		25	21	8	8

a	n	d		a	c	t		l	i	k	e		a		n	u	t.
0	13	3		0	2	19		11	8	10	4		0		13	20	19
0	91	133		0	28	175		63	112	140	56		0		91	98	175
0	13	19		0	4	25		9	16	20	8		0		13	14	25.

14 a 2와 17, 5와 20, 4와 25, 7과 19, 10과 10, 16과 31, 23과 23, 13과 28, 8과 29, 14와 26, 32와 32

b 7과 13, 11과 11, 23과 27, 29와 29

c 5와 5, 7과 7, 11과 11, 23과 23

14장 222~223쪽

15 meet me a the library

16 a write it on your heart that every day is the best day in the year.

b the best way to cheer yourself up is to try to cheer someone else up.

17 a a pessimist sees the difficulty in every opportunity; an optimist sees the opportunity in every difficulty.

b treat a man as he is, and he will remain as he is. treat a man as he could be, and he will become what he should be.

15장 229쪽

1 25개 또는 26개. 0을 포함시키면 26개이고 포함시키지 않으면 25개이다.

2 (1의 포함여부에 따라) 11개 또는 12개
좋은 키는 26과 서로소인 수들로, 13을 제외한 홀수가 이에 해당한다.

3	원문	s	e	c	r	e	t
	변환수	18	4	2	17	4	19
	3곱 암호	54	12	6	51	12	57
	+7	61	19	13	58	19	64
	mod 26	9	19	13	6	19	12
	암호문	J	T	N	G	T	M

4		s	e	c	r	e	t
		18	4	2	17	4	19
		90	20	10	85	20	95
		98	28	18	93	28	103
		20	2	18	15	2	25
		U	C	S	P	C	Z

5 a 3곱 암호

  b 8자리를 이동한 시저 암호

6 그렇지 않다. 서로 다른 아핀 암호를 세기 위해서는 사용할 수 있는 키 (m, b)의 수를 세어야 한다. 이때 m의 값이 될 수 있는 "좋은" 수는 12개이고, b의 값이 될 수 있는 수는 26개이므로, m과 b를 조합하여 서로 다른 순서쌍 (m, b)를 만들 수 있는 경우의 수는 $12 \times 26 = 312$가지이다. 따라서 312일 동안만 아핀 암호를 이용하여 서로 다른 암호를 만들 수 있다.

7	원문	t	i	c	k	s
	-mod 26	19	8	2	10	18
	3의 역원×9	45	216	54	36	18
	-7	5	24→2	6	4	2
	문자 변환 수	12	5	13	11	9
	암호문	M	F	N	L	J

15장   236~237쪽

8
```
y o u      a r e       i n v i t e d       t o
24 14 20    0 17  4     8 13 21   19   3
16 18 22    0  7 20    14 13  1     17   15
18 20 24    2  9 22    16 15  3     19   17
S U Y      C J W       Q P D Q T W R       T U


l i l a h      a n d       b e c k y ' s
11      7                  1   2 10   18
 3      9                  5  10 24   12
 5     11                  7  12  0   14
F Q F C L      C P R       H W M A S ' O


b e a c h      p a r t y .
                        15
                        23
                        25
     H W C M L      Z C J T S .


m e e t      a t      t h e      p a v i l i o n
12
 8
10
K W W T      C T      T L W      Z C D Q F Q U P


b y      t h e      l a k e      a t      2 p m      o n
                    10
                    24
                     0
H S      T L W      F C A W      C T      2 Z K      U P


s a t u r d a y .

    O C T Y J R C S .
```

9　a　earth provides enough to satisfy every man's need, but not every man's greed.

9　b　i am a success today because i had a friend who believed
in me and i didn't have the heart to let him down.

10　b

```
w e      w i l l      c o m e      t o o      a n d
22 4       8 11         2  14 12      19       0 13 3
16 10      20 21        18 22 4      15       0 13 1
20 14      24 25        22  0 8      19       4 17 5
U O      U Y Z Z      W A I O      T A A      E R F

b r i n g      a      c a k e .
1  17    6            10
9 23     2            12
13  1    6            16
N B Y R G      E      W E Q O .

                p e t e r      a n d      t i m
                15
                5
                9
                J O T O B      E R F      T Y I
```

11　a　rememver not only to say the right thing in the right place, but far more difficult
still, to leave unsaid the wrong thing at the tempting moment.

　　b　if you have an apple and i have an apple and we exchange these apples then
you and i will still each have one apple. but if you have an idea and i have an
idea and we exchange these ideas, then each of us will have two ideas.

16장　　249~251쪽

1　b, d

　　a 343=7×49(합성수)　　　　　b 1019는 $\sqrt{1019}$ ≈32이므로 소수
　　c 1369=37²(합성수)　　　　　d 2417은 $\sqrt{2417}$ ≈49이므로 소수
　　e 2573=31×83(합성수)　　　　f 1007=19×53(합성수)

2　1~50 안의 소수는 다음과 같다.
2, 3, 5, 7, 11, 13, 17, 19, 23, 29, 31, 37, 41, 43, 47

1̸	②	③	4̸	⑤	6̸	⑦	8̸	9̸	1̸0̸
⑪	1̸2̸	⑬	1̸4̸	1̸5̸	1̸6̸	⑰	1̸8̸	⑲	2̸0̸
2̸1̸	2̸2̸	㉓	2̸4̸	2̸5̸	2̸6̸	2̸7̸	2̸8̸	㉙	3̸0̸
㉛	3̸2̸	3̸3̸	3̸4̸	3̸5̸	3̸6̸	㊲	3̸8̸	3̸9̸	4̸0̸
㊶	4̸2̸	㊸	4̸4̸	4̸5̸	4̸6̸	㊼	4̸8̸	4̸9̸	5̸0̸

3   7

4   a 1~130 안의 소수는 다음과 같다.
2, 3, 5, 7, 11, 13, 17, 19, 23, 29, 31, 37,
41, 43, 47, 53, 59, 61, 67, 71, 73, 79,
83, 89, 97, 101, 103, 107, 109, 113, 117, 127

c 11

d 11의 배수를 지운 후

5   a $\sqrt{200}$ < 15이므로, 2, 3, 5, 7, 11, 13

b $\sqrt{1000}$ = 31.62이므로, 2, 3, 5, 7, 11, 13, 17, 23, 29, 31

16장   257쪽

6   a $n=0$; $n^2-n+41=0^2-0+41=41$ 적합하다
$n=1$; $1^2-1+41=41$ 적합하다
$n=2$; $2^2-2+41=43$ 적합하다
$n=3$; $3^2-3+41=47$ 적합하다
$n=4$; $4^2-4+41=53$ 적합하다
$n=5$; $5^2-5+41=61$ 적합하다

6   b $n=41$; $41^2-41+41=41^2=1681$ (소수가 아님)

7   3,5 5,7 11, 13 17, 19 29, 31 41, 43 59, 61 71, 73

8 $2^5-1=31$ (소수), $2^6-1=63$ (합성수), $2^7-1=127$ (소수), $2^{11}-1=2047$ (합성수)

9   11 $(2 \times 11+1=23)$, 23 $(2 \times 23+1=47)$, 29 $(2 \times 29+1=59)$

11   a $10=3+7$, $18=7+11$, $20=3+7$, $36=17+19$

b $36=17+19=7+29$

1 a $482^2 = 232324 \equiv 324$ (mod 1000)

$482^4 = 482^2 \times 482^2 \equiv 324 \times 324$ (mod 1000)
$\equiv 104976$ (mod 1000)
$\equiv 976$ (mod 1000)

b $357^2 = 127449 \equiv 449$ (mod 1000)

$357^5 \equiv 357^2 \times 357^2 \times 357^1$
$\equiv 449 \times 449 \times 357$ (mod 1000)
$\equiv 71971557$ (mod 1000)
$\equiv 557$ (mod 1000)

c $993^2 = 986049 \equiv 49$ (mod 1000)

$993^5 = 993^2 \times 993^2 \times 993^1$
$\equiv 49 \times 49 \times 993$ (mod 1000)
$\equiv 2384193$ (mod 1000)
$\equiv 193$ (mod 1000)

d $888^2 = 788544 \equiv 544$ (mod 1000)

$888^6 = 888^2 \times 888^2 \times 888^2$
$\equiv 544 \times 544 \times 544$ (mod 1000)
$\equiv 160989184$ (mod 1000)
$\equiv 184$ (mod 1000)

2 a $18^2 = 18 \times 18$
$18^4 = 18^2 \times 18^2$
$18^8 = 18^4 \times 18^4$
$18^{16} = 18^8 \times 18^8$
$18^{32} = 18^{16} \times 18^{16}$
5번의 곱셈으로 18^{32} (mod 55)를 간단히 나타낼 수 있다.

b 31번

c $18^{16} \equiv 26$ (mod 55)이므로
$18^{32} = 18^{16} \times 18^{16}$
$\equiv 26 \times 26$ (mod 55)
$\equiv 676$ (mod 55)
$\equiv 16$ (mod 55)

3 a $62 = 6 \times 6 = 36 \equiv 10$ (mod 26)

$6^4 = 6^2 \times 6^2$
$\equiv 10 \times 10$ (mod 26)
$\equiv 100$ (mod 26)
$\equiv 22$ (mod 26)

$6^8 = 6^4 \times 6^4$
$\equiv 22 \times 22$ (mod 26)
$\equiv 484$ (mod 26)
$\equiv 16$ (mod 26)

b $3^2 = 3 \times 3 = 9 \equiv 4$ (mod 5)

$3^4 = 3^2 \times 3^2$
$\equiv 4 \times 4$ (mod 5)
$\equiv 16$ (mod 5)
$\equiv 1$ (mod 5)

$3^8 = 3^4 \times 3^4$
$\equiv 1 \times 1$ (mod 5)
$\equiv 1$ (mod 5)

3 c $9^2 = 9 \times 9 = 81 \equiv 4 \pmod{11}$

$9^4 = 9^2 \times 9^2$
$\equiv 4 \times 4 \pmod{11}$
$\equiv 16 \pmod{11}$

$9^8 = 9^4 \times 9^4$
$\equiv 16 \times 16 \pmod{11}$
$\equiv 256 \pmod{11}$
$\equiv 3 \pmod{11}$

$9^{16} = 9^8 \times 9^8$
$\equiv 3 \times 3 \pmod{11}$
$\equiv 9 \pmod{11}$

d $4^2 = 16 \equiv 7 \pmod 9$

$4^4 = 4^2 \times 4^2$
$\equiv 7 \times 7 \pmod 9$
$\equiv 49 \pmod 9$
$\equiv 4 \pmod 9$

$4^8 = 4^4 \times 4^4$
$\equiv 4 \times 4 \pmod 9$
$\equiv 16 \pmod 9$
$\equiv 7 \pmod 9$

$4^{16} = 4^8 \times 4^8$
$\equiv 7 \times 7 \pmod 9$
$\equiv 49 \pmod 9$
$\equiv 4 \pmod 9$

4 a $18^6 = 18^4 \times 18^2$
$\equiv 36 \times 49 \pmod{55}$
$\equiv 1764 \pmod{55}$
$\equiv 4 \pmod{55}$

b $18^{12} = 18^8 \times 18^4$
$\equiv 31 \times 36 \pmod{55}$
$\equiv 1116 \pmod{55}$
$\equiv 16 \pmod{55}$

c $18^{20} = 18^{16} \times 18^4$
$\equiv 26 \times 36 \pmod{55}$
$\equiv 936 \pmod{55}$
$\equiv 1 \pmod{55}$

5 a $9^1 \equiv 9 \pmod{55}$

$9^2 = 81$
$\equiv 26 \pmod{55}$

$9^4 = 9^2 \times 9^2$
$\equiv 26 \times 26 \pmod{55}$
$\equiv 676 \pmod{55}$
$\equiv 16 \pmod{55}$

$9^8 = 9^4 \times 9^4$
$\equiv 16 \times 16 \pmod{55}$
$\equiv 256 \pmod{55}$
$\equiv 36 \pmod{55}$

$9^{16} = 9^8 \times 9^8$
$\equiv 36 \times 36 \pmod{55}$
$\equiv 1296 \pmod{55}$
$\equiv 31 \pmod{55}$

b $9^{11} = 9^8 \times 9^2 \times 9^1$
$\equiv 36 \times 26 \times 9 \pmod{55}$
$= 8424$
$\equiv 9 \pmod{55}$

c $9^{24} = 9^{16} \times 9^8$
$\equiv 31 \times 36 \pmod{55}$
$\equiv 1116 \pmod{55}$
$\equiv 16 \pmod{55}$

6 a $7^1 \equiv 7 \pmod{31}$

$7^2 = 49 \equiv 18 \pmod{31}$

$7^4 = 7^2 \times 7^2$
$\equiv 18 \times 18 \pmod{31}$
$\equiv 324 \pmod{31}$
$\equiv 14 \pmod{31}$

$7^8 = 7^4 \times 7^4$
$\equiv 14 \times 14 \pmod{31}$
$\equiv 196 \pmod{31}$
$\equiv 10 \pmod{31}$

$7^{16} = 7^8 \times 7^8$
$\equiv 10 \times 10 \pmod{31}$
$\equiv 100 \pmod{31}$
$\equiv 7 \pmod{31}$

b $7^{18} = 7^{16} \times 7^2$
$\equiv 7 \times 18 \pmod{31}$
$\equiv 126 \pmod{31}$
$\equiv 2 \pmod{31}$

c $7^{28} = 7^{16} \times 7^8 \times 7^4$
$\equiv 7 \times 10 \times 14 \pmod{31}$
$\equiv 980 \pmod{31}$
$\equiv 19 \pmod{31}$

18장   284쪽

1 $C = m^7 \bmod 55$일 때

f는 5; $= 5^7 \bmod 55$
$\equiv 78125 \pmod{55}$
$\equiv 25 \pmod{55}$

i는 8; $= 8^7 \bmod 55$
$\equiv 2097152 \pmod{55}$
$\equiv 2 \pmod{55}$

g는 6; $= 6^7 \bmod 55$
$\equiv 279936 \pmod{55}$
$\equiv 41 \pmod{55}$

답은 25, 2, 41

2 4^{23} 이 문제를 풀 때는 계산기를 사용해도 된다.

$4^2 = 16$

$4^4 = 4^2 \times 4^2$
$= 16 \times 16$
$= 256$
$\equiv 36 \pmod{55}$

$4^8 = 4^4 \times 4^4$
$\equiv 36 \times 36 \pmod{55}$
$\equiv 1296 \pmod{55}$
$\equiv 31 \pmod{55}$

$4^{16} = 4^8 \times 4^8$
$\equiv 31 \times 31 \pmod{55}$
$\equiv 961 \pmod{55}$
$= 26 \pmod{55}$

$4^{23} = 4^{16} \times 4^4 \times 4^2 \times 4^1$
$\equiv 26 \times 36 \times 16 \times 4 \pmod{55}$
$\equiv 59904 \pmod{55}$
$= 9 \pmod{55}$

3 C^d mod n

$=C^{23}$ mod 55이고 C=4, C=0, C=8일 때:

C=4; 4^{23} mod 55=9(2번 문제 결과와 같다)는 j

C=0; 0^{23} mod 55=0는 a

C=8; 8^{23} mod 55

$8^2=64\equiv9$ (mod 26)

$8^4=8^2\times8^2=9\times9=81\equiv26$ (mod 55)

$8^8=8^4\times8^4=26\times26=676\equiv16$ (mod 55)

$8^{16}=8^8\times8^8=16\times16=256\equiv36$ (mod 55)

$8^{23}=8^{16}\times8^4\times8^2\times8^1=36\times26\times9\times8=67392\equiv17$ (mod 55)는 r

답은 j a r

19장 292쪽

1 a 10은 13과 서로소이므로 역원이 존재한다.

$10\times2=20$

$10\times3=30$

$10\times4=40\equiv1$ (mod 13)

따라서 10의 역원은 4이다.

b 10은 15와 서로소가 아니므로 역원이 존재하지 않는다.

c 7은 21과 서로소가 아니므로 역원이 존재하지 않는다.

d 7은 18과 서로소이므로 역원이 존재한다. 또 18=2×3×3이므로 역원은 2나 3을 약수로 갖지 않는다.

$7\times5=35$

$7\times7=49$

$7\times11=77$

$7\times3=91\equiv1$ (mod 18)

따라서 7의 역원은 13이다.

e 11과 24는 서로소이므로 역원이 존재한다.

$11\times5=55$

$11\times7=77$

$11\times11=121\equiv1$ (mod 24)

따라서 11의 역원은 11이다.

1 f 11과 22는 서로소가 아니므로 역원이 존재하지 않는다.

2 a 131   b 89   c 43

20장   300쪽

1

C	R	Y	P	T	O	C	R	Y	P	T	O	C	R	Y	P	T	O	C	R	Y	P	T
i	f	y	o	u	c	a	n	r	e	a	d	t	h	i	s	t	h	e	n	y	o	u
K	W	W	D	N	Q	C	E	P	T	T	R	V	Y	G	H	M	V	G	E	W	D	N

O	C	R	Y	P	T	O	C	R	Y	P	T	O	C	R	Y	P	T	O	C	R	Y	P
a	r	e	v	e	r	y	d	e	t	e	r	m	i	n	e	d	.	w	e	h	a	v	e
O	T	V	T	T	K	M	F	V	R	T	K	A	K	E	C	S	.	P	S	J	R	T	T

T	O	C	R	Y	P	T	O	C	R	Y	P	T	O	C	R	Y	P	T	O	C	R	Y
l	e	a	r	n	e	d	a	l	o	t	s	i	n	c	e	t	h	e	f	i	r	s
E	S	C	I	L	T	W	O	N	F	R	H	B	B	E	V	R	W	X	T	K	I	Q

P	T	O	C	R	Y	P	T	O	C	R	Y	P	T	O	C	R	Y	P	T	O	C	R
t	d	a	y	w	e	s	t	a	r	t	e	d	l	e	a	r	n	i	n	g	a	b
I	W	O	A	N	C	H	M	O	T	K	C	S	E	S	C	I	L	X	G	U	C	S

Y	P	T	O	C	R	Y	P	T	O	C	R	Y	P	T
o	u	t	c	r	y	p	t	o	g	r	a	p	h	y	.
M	J	M	Q	T	P	N	I	H	U	T	R	N	W	R	.

2 a C^5 mod 221일 때 $C=32, 209, 165, 140$이라면:

$C=32$일 때 $\quad 32^5$ mod $221 = 33554432$ mod 221
$\qquad\qquad\qquad\qquad \equiv 2$는 C.

$C=209$일 때 $\quad 209^5$ mod 221
$\qquad\qquad\quad 209^2 = 43681 \equiv 144 \pmod{221}$
$\qquad\qquad\quad 209^5 = 209^2 \times 209^2 \times 209^1$
$\qquad\qquad\qquad \equiv 144 \times 144 \times 209 \pmod{221}$
$\qquad\qquad\qquad \equiv 4333824 \pmod{221}$
$\qquad\qquad\qquad = 14$ mod 221는 O.

$C=165$일 때 $\quad 165^5$ mod 221
$\qquad\qquad\quad 165^2 = 27225 \equiv 42 \pmod{221}$
$\qquad\qquad\quad 165^5 = 165^2 \times 165^2 \times 165^1$
$\qquad\qquad\qquad \equiv 42 \times 42 \times 165 \pmod{221}$
$\qquad\qquad\qquad \equiv 291060 \pmod{221}$
$\qquad\qquad\qquad \equiv 3 \pmod{221}$는 D.

$C=140$일 때 $\quad 140^5$ mod 221
$\qquad\qquad\quad 140^2 = 19600 \equiv 152 \pmod{221}$
$\qquad\qquad\quad 140^5 = 140^2 \times 140^2 \times 140^1$
$\qquad\qquad\qquad \equiv 152 \times 152 \times 140 \pmod{221}$
$\qquad\qquad\qquad \equiv 3234560 \pmod{221}$
$\qquad\qquad\qquad \equiv 4$는 E.

답은 C O D E

2 b

C	O	D	E	C	O	D	E	C	O	D	E	C	O	D	E	C	O	D
y	o	u	a	r	e	r	i	g	h	t.	i	a	m	d	e	t	e	r	m	i	n	e
A	C	X	E	T	S	U	M	I	V	W.	M	C	A	G	I	V	S	U	Q	K	B	H

E	C	O	D	E	C	O	D	E	C	O	D							
d	a	n	d	p	r	o	u	d	t	o	o.							
H	C	B	G	T	T	C	X	H	V	C	R.							

직접 만드는 암호표

이 페이지에 있는 암호표을 복사해서 사용하셔도 됩니다(원문표과 암호표을 원하는 색으로 칠해도 됩니다). 복사한 암호표는 두꺼운 종이 등에 붙여 사용하는 방법도 있습니다.

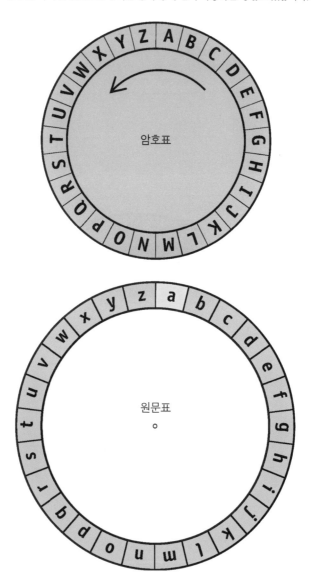

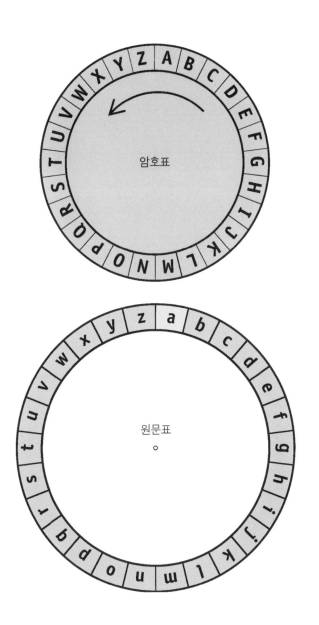